EXPLORATION AND DISCOVERY

探索与发现

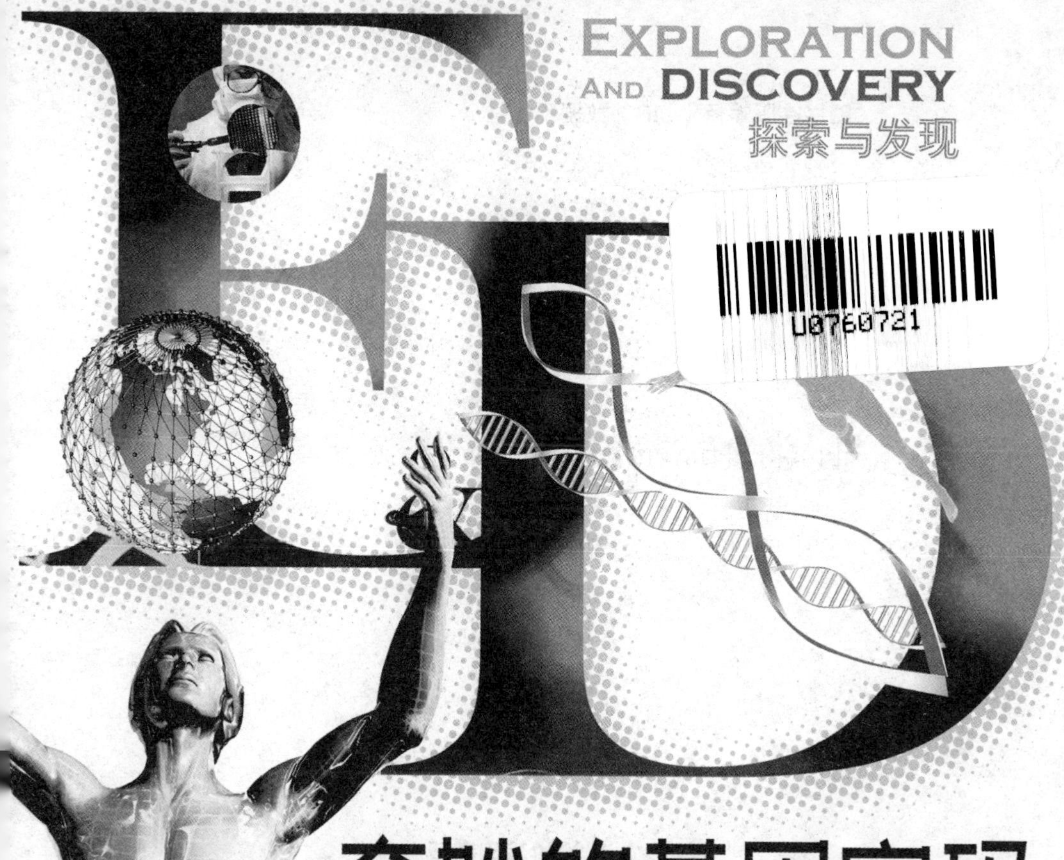

奇妙的基因密码

·生动的文字 ·缜密的思维 ·精彩的图片·

曾才友 ◎ 改编

上海科学普及出版社

图书在版编目（CIP）数据

奇妙的基因密码 / 曾才友改编. ——上海：上海科学普及出版社，2018
（探索与发现）
ISBN 978-7-5427-7095-0

Ⅰ. ①奇… Ⅱ. ①曾… Ⅲ. ①基因-青少年读物 Ⅳ. ①Q343.1-49

中国版本图书馆CIP数据核字（2017）第283775号

责任编辑　吴隆庆

奇妙的基因密码

曾才友　改编

上海科学普及出版社出版发行

（上海中山北路832号　邮政编码200070）

http://www.pspsh.com

各地新华书店经销　北京兰星球彩色印刷有限公司
开本 787mm×1092mm　1/16　印张 13　字数 180 千字
2018年8月第1版　2018年8月第1次印刷

ISBN 978-7-5427-7095-0　　　定价 29.50 元
本书如有缺页、错装或坏损等严重质量问题
请向出版社联系调换

前　言

　　基因一词来自希腊语，意思为"生"。通俗地讲是指携带有遗传信息的 DNA 序列，是控制性状的基本遗传单位。基因通过指导蛋白质的合成来表达自己所携带的遗传信息，从而控制生物个体的性状表现。人类约有 3 万~4 万个基因。

　　染色体在体细胞中是成对存在的，每条染色体上都带有一定数量的基因。

　　一般来说，生物体中的每个细胞都含有相同的基因，但并不是每个细胞中的每个基因所携带的遗传信息都会被表达出来。不同部位和功能的细胞，能将遗传信息表达出来的基因也不同。

　　人们对基因的认识是不断发展的。19 世纪 60 年代，遗传学家孟德尔就提出了生物的性状是由遗传因子控制的观点，但这仅仅是一种逻辑推理。20 世纪初期，遗传学家通过果蝇的遗传实验，认识到基因存在于染色体上，并且在染色体上是呈线性排列，从而得出了染色体是基因载体的结论。

　　20 世纪 50 年代以后，随着分子遗传学的发展，尤其是沃森和克里克提出双螺旋结构以后，人们才真正认识了基因的本质，即基因是具有遗传效应的 DNA 片断。研究结果还表明，每条染色体只含有一个 DNA 分子，每个 DNA 分子上有多个基因，每个基因又含有成百上千个脱氧核苷酸。由于不同基因的脱氧核苷酸的排列顺序（碱基序列）不同，因此，不同的基因就

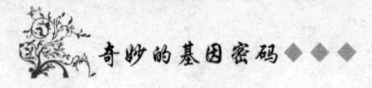

含有不同的遗传信息。

人类从古至今都想揭开生命的奥秘，都想了解人类自身，探究人的生、老、病、死、思维、记忆到底是怎么一回事，克隆动物的诞生更是在遗传界掀起了轩然大波。多年来的摸索使人们逐渐认识到正是所谓的基因在起着决定性作用，在过去的100年中，人类对这些问题的认识与了解空前深入。特别是这几年人类基因组测序图的完成更是标志着人类在对基因认识上前进了一大步，人类对未来充满了美好的憧憬。

人类基因组计划的完成并不代表我们人类对自身及自然界认识走到了尽头，这只是"万里长征"走完了第一步，继而又出现了后基因组计划，人类在向奇妙的基因世界迈进。

本书从基因的基础知识讲起，介绍染色体、DNA、基因与遗传、基因与疾病、基因工程、基因克隆、人类基因组计划等知识，其中不单单有对基因基础知识的介绍，更有对前沿基因知识的探秘，还有对基因世界未来的展望，因此可以说这是一本具有前瞻性的科普读物，可供一般读书爱好者释疑解惑，也可供专业学者学习时参考。

基因世界深邃奇妙，本书沧海拾贝，希望对您有所帮助，不足不对之处恳请惠赐斧正。

目录
Contents

细　胞
- 细胞的结构 ………………… 1
- 细胞中的化学成分 ………… 4

基因与基因组
- 什么是基因 ………………… 10
- 基因的组成 ………………… 14
- 核　酸 ……………………… 16
- 基因的位置 ………………… 20
- 基因的一般特性 …………… 23
- 基因分类 …………………… 24
- 基因组 ……………………… 24

染色体
- 什么是染色体 ……………… 27
- 染色体的结构变异 ………… 29
- 染色体的数目变异 ………… 32
- 染色体与男女性别决定 …… 35

DNA
- 什么是DNA ………………… 37
- DNA的结构与组成 ………… 39
- DNA的功能 ………………… 43
- RNA的功能 ………………… 44
- DNA测序 …………………… 45

- DNA与遗传的关系 ………… 48
- DNA指纹探秘 ……………… 51

基因与生命遗传
- 遗传的分离定律 …………… 55
- 遗传的自由组合定律 ……… 57
- 遗传的连锁与互换规律 …… 61
- 基因是怎样控制遗传的 …… 64
- 性格形成源于基因 ………… 68
- 基因突变 …………………… 71

基因与疾病
- 基因与遗传性疾病 ………… 74
- 基因与遗传易感性疾病 …… 80

基因工程
- 基因工程的概念 …………… 85
- 基因工程的出现和创立 …… 86
- 基因工程是怎样"施工"的 … 89
- 基因的诊断技术 …………… 95
- 基因医病 …………………… 97
- 基因工程疫苗 ……………… 101
- 转基因食品 ………………… 103
- 基因农业 …………………… 108
- 转基因动物 ………………… 120

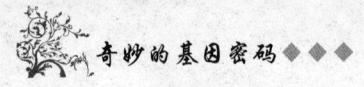

动物制药厂 …… 124	我国的克隆成果 …… 166
细菌制药厂 …… 126	**人类基因组计划**
人造基因血液 …… 130	人类基因组计划的含义 …… 170
DNA 的"分子手术" …… 133	人体基因的重大发现 …… 175
生物芯片 …… 136	绘制生命图谱 …… 180
基因武器 …… 139	人类基因组计划的实施 …… 188

基因克隆

什么是基因克隆 …… 143	后基因组计划 …… 192
基因克隆的秘密 …… 144	蛋白质组学计划 …… 194
首例克隆"多利"羊 …… 146	**我国加盟人类基因组计划**
单亲雌核生殖 …… 149	加盟世界基因组织 …… 196
微生物克隆技术 …… 152	生物资源基因组计划 …… 197
植物克隆技术 …… 154	人类功能基因研究 …… 199
动物克隆技术 …… 159	后基因时代的中国战略 …… 202
克隆人类 …… 162	

细 胞

细胞的结构

所有的生命形式，基本上都是以细胞为基础的。生命要延续，不管是有性生殖，还是无性生殖，都是小小的细胞在不停地复制自己。现代生物学家要进行"克隆"，也要对细胞进行"手术"。

所以，一切都要从细胞开始。

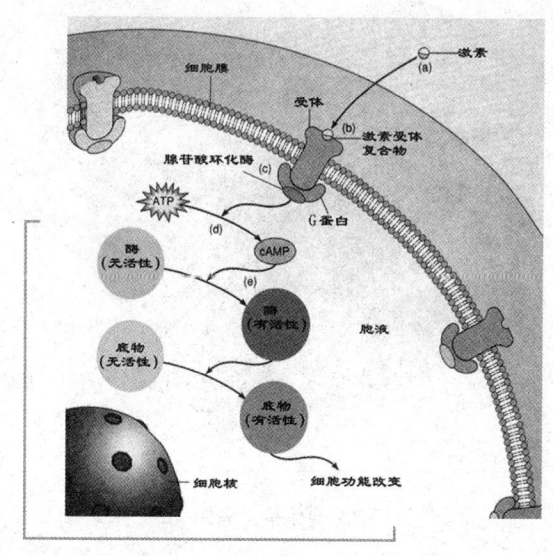

细胞组织图

细胞包括细胞膜、细胞质和细胞核。植物细胞和细菌还含有细胞壁。细胞质是细胞中除了细胞核以外细胞膜以内的原生质。但科学家发现细胞质并不是均匀的，其中包含了许多有形结构。这些结构被称为细胞器，如质体、线粒体、核糖体、圆球体、溶酶体、中心粒、高尔基体、液泡等。

　　环绕在细胞外围的结构可分为内外2层。内层为由脂类和蛋白质组成的细胞膜，亦称质膜，它是细胞都具有的相同结构。外层为细胞表面，这一层在各类细胞中差别很大，动物细胞没有细胞壁，但在细胞膜外也覆盖着细胞外被和胞外基质，在植物细胞膜外面尚有壁。细胞壁是植物细胞区别于动物细胞的重要特征之一。植物细胞壁的主要作用是使植物细胞保持一定形状和一定的渗透压。

　　在电镜下可以看出，细胞膜呈暗—明—暗形式的3层结构。细胞膜不仅是细胞把其内部与周围环境分开的边界，更重要的是，它是细胞同周围环境或其他细胞进行物质交换的通路。细胞膜对物质穿越细胞膜运输和交换有调节作用，它是细胞的一道动态屏障。

　　生物膜是细胞进行生命活动的重要结构基础，细胞的能量转换、蛋白质合成、信息传递、运动、分泌、排泄、物质运输等活动都和膜的作用相关。

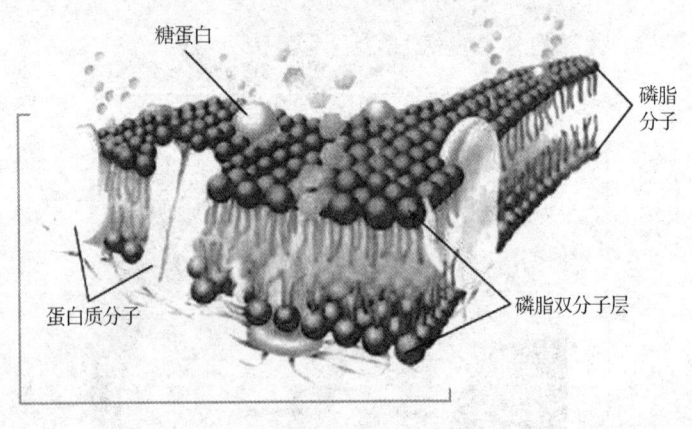

细胞膜结构示意图

　　根据有无细胞核膜可以将细胞分为原核细胞和真核细胞两大类型。

原核细胞最主要的特征是没有由膜包围的细胞核,遗传物质均匀分布于整个细胞中或集中存在于细胞的一个或几个区域中。这些区域中物质密度较低,但与周围高密度的细胞质无明确的分界,故把这种低密度区称为类核。类核中含有盘绕的细丝,这些细丝是不结合蛋白质裸露的 DNA 双螺旋。由原核细胞构成的生物称为原核生物。现在分类学家把原核生物划为一个独立的界,即原生界,其中包括蓝藻和各类细菌。真核细胞最主要的特点是细胞内有膜,把细胞分成了许多功能区。最明显的是含有膜包围的细胞核,此外还有由膜而形成的细胞器(如线粒体、叶绿体、内质网、高尔基复合体等)。分区使细胞的代谢效率较原核细胞大为提高。例如,氧化磷酸化活动主要集中在线粒体中进行;植物细胞的光合作用机能由叶绿体来承担。

因细胞核与本书所讲内容关系密切,所以这里重点介绍一下细胞核。

细胞核大多呈球形或卵圆形,但也随物种和细胞类型不同而有很大差别。有的也可呈分枝状、带状。核的形状往往同细胞的形状有很大的关系。多角形、立方形和圆形的细胞,其核也多呈圆形。细胞核的位置多处于细胞的中央,如果细胞的内含物增多,则可把核挤到一侧。如植物细胞、液泡增大后核偏一侧;动物的脂肪细胞、脂肪滴加大后,核即被挤到细胞边缘,呈扁盘状。可是不论是什么形状,核膜多是凹凸不平的。细胞核在细胞生活周期中,形状变化很大,在分裂阶段时,细胞核可暂时解体。

细胞核的外表包一层双层膜结构,称为核膜。核膜是核的边界,系由内外两层单元膜组成。核膜并不是完全连续的,有许多部位,核膜内外两层互相连接,形成了穿过核膜的小孔,称为核孔。核孔是核质与细胞质进行物质交换的重要通道。核孔不是单纯的空洞,结构相当复杂,因此又把这种小孔称为核孔复合体。

细胞核在细胞的生命活动中处于极为重要的地位,是细胞遗传物质的集中区,它对细胞的结构和活动具有调节和控制作用。真核细胞的间期核有一个或几个浓密的球形小体,称为核仁。因为它较周围的核液要浓密得多,故在光学显微镜下清晰可见。核仁的形状、大小、数目,因生物种类和生理状态不同而有所变动,一般生理活动旺盛的细胞,核仁大;不太活

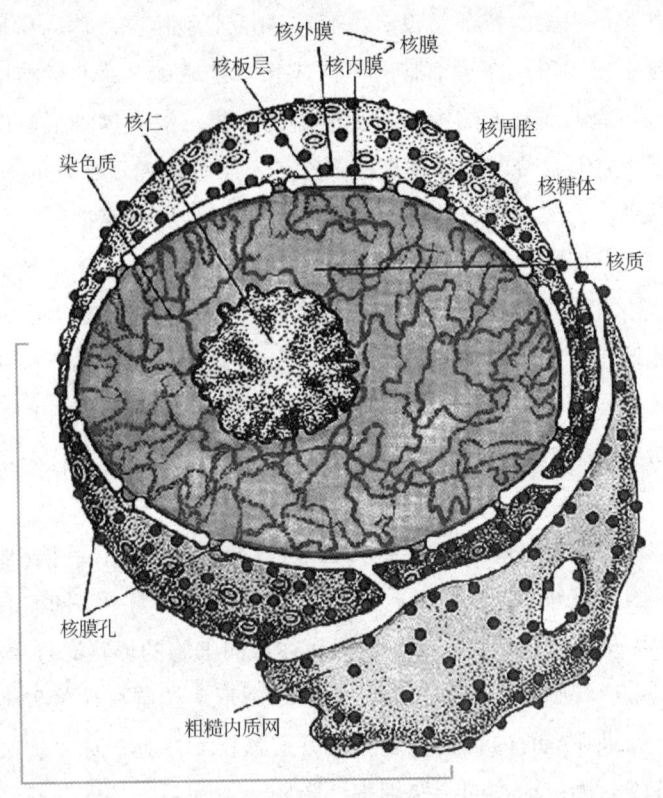

细胞核结构图

动的细胞,核仁就小。核仁总是位于染色体组中一定染色体的特定部位。在细胞核内,DNA 分子和蛋白质结合成了染色质,在分裂阶段,染色质浓缩成染色体。各种生物的染色体数目一般是恒定的,少的有 2 个,多者达数百个。在光学显微镜下可以看到一种嗜碱性很强的物质,称为染色质。在间期核中,染色质以两种状态存在,有的是伸展开的呈电子透亮状态,称为常染色质;另一种是卷曲的,称为异染色质。

核仁的功能是转录转运 DNA。在细胞分裂时,染色质凝缩为染色体。

细胞中的化学成分

细胞中的化学成分是极为复杂的,有无机物,也有有机物,种类很多。

这就需要利用生物化学知识和技术来分析。

生物化学以研究生命的物质基础和阐明生命过程中的基本化学变化规律为主要目的，直接涉及生命的本质问题。

生物体内物质的新陈代谢是维持生命的重要保证。生物化学的成就揭示了细胞内新陈代谢是数以千计的互相联系的化学变化交织而成的，其中每一个具体的化学反应几乎都由具有专一性的生物催化剂——酶所催化。整个新陈代谢能够有条不紊地进行，是由于受着酶体系引起的化学反应本身的反馈调节、神经以及各种激素的调节和基因的控制。

蛋白质

蛋白质是细胞中的一种极其重要的物质，"生命是蛋白质的存在方式"。

19世纪，化学家和生物学家分析研究了像鸡蛋蛋白、血液、奶、骨髓和神经等的成分，认识到含氮的蛋白质类化合物的重要性。他们很早就注意到了这种特别的物质，即对这些物质加热时，它们会从液态变为固态，而不发生逆变化。于是，1836年瑞典化学家柏尔采留斯将这种物质命名为蛋白质。

蛋白质是含碳、氢、氧、氮和硫的化合物，大多数生物体中的蛋白质占总干重的一半以上。蛋白质种类繁多，据估计，在人体中蛋白质的种类不下10万。例如，血红蛋白、纤维蛋白、组蛋白、各种色素、各种酶等。蛋白质的种类和数量不仅因生物种属不同而有差异，就是在不同个体间，甚至在同一个个体的不同发育时期都有变化。一个小小的细胞可以含有几千种蛋白质和多肽。这些蛋白质又可根据它们在生物体内所起作用的不同，分成五大类：

1. 酶蛋白。生物体内进行着成千上万种化学反应，这些反应是在一类叫做酶的特殊蛋白质生物催化剂的作用下进行的，反应速度很快，往往是体外速度的几百倍甚至上千倍。

2. 运载蛋白。动物中氧气的运输是靠血液中的血红色素，对于高等哺乳动物来说就是血红蛋白。生物的细胞膜上含有各种各样的运载蛋白质，它们在生物的物质代谢中起着重要的作用。

3. 结构蛋白。生物体的细胞结构，包括细胞膜、细胞核、质体、线粒体、核糖体、内膜系统，以至真核类的染色体等在结构上都含有大量由蛋白质组成的亚基，形成了细胞的框架结构。

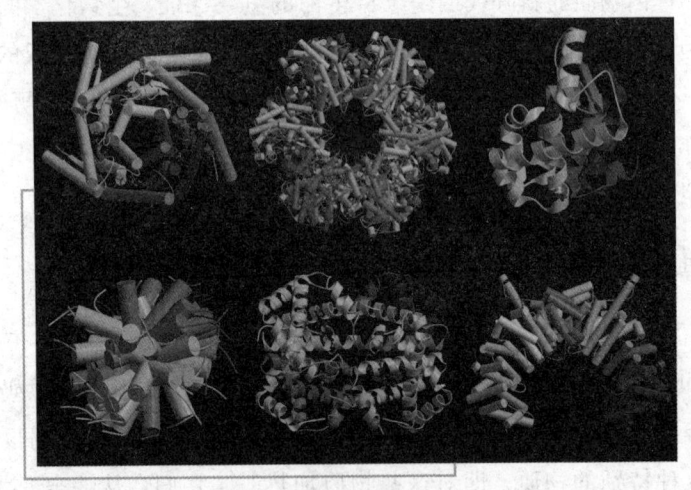

蛋白质结构图

4. 抗体。生物体内的免疫防御系统。外界的病原体入侵生物体时，生物体便产生一种特异蛋白质能与它们对抗，使其解体，这就是抗体。

5. 激素。生物体内某一部分可以产生一类特种的蛋白质，通过循环，释放到血液中，调节其他部分的生命活动。

蛋白质是由氨基酸组成的大分子物质，是许多种不同的氨基酸组成的。蛋白质的种类虽多，但它们水解产物都是氨基酸。20世纪30年代，人类已经搞清楚，生物的氨基酸仅20种，它们是甘氨酸、丙氨酸、缬氨酸、亮氨酸、异亮氨酸、丝氨酸、苏氨酸、苯丙氨酸、酪氨酸、半胱氨酸、甲硫氨酸、赖氨酸、精氨酸、组氨酸、天冬氨酸、谷氨酸、色氨酸、脯氨酸、胱氨酸、蛋氨酸。

许多氨基酸并不直接形成蛋白质，它们先组成蛋白质的次级结构多肽，再由多肽组成蛋白质。多肽没有明显的蛋白质特性，多肽呈螺旋状结构。一种特定的蛋白质的特性，除决定于构成它的多肽链的氨基酸的数目、种类和比例之外，还和它们的排列次序及四级空间结构有关。小的蛋白质分子量只有几千,所含的氨基酸也不超过50个,有的蛋白质的分子量达几十万至几百万,含有几千、几万个氨基酸。每一种蛋白质的性质,取决于所有各种氨基酸在分子链上按什么次序排列。即便每一种氨基酸只出现一次,19个氨基酸在一个链上可能有的排列方式就接近12亿种,而由500多个氨基酸组成的血蛋白那么大的蛋白质,可能有的排列方式就是10^{66}种,这个数目比整个已知的宇宙中的亚原子粒子的数目还多得多。所以,这种多样性,能反映几百万种物种、不计其数的生物品种,以及大量品种内个体间的性状的千差万别,构成各式各样的生命现象。从这种意义来看,可以认为"生命是蛋白质的存在方式"。

从1959年开始,美国生物化学家梅里菲尔德所领导的一个小组开创了一个新的合成蛋白质的方法,即把想要制造的那个链上的头一个氨基酸连到聚苯乙烯树胶小颗粒上,然后再加上第二个氨基酸的溶液,这个氨基酸就会接到第一个的上面,此后再加上下一个。这种往上面添加的步骤既简单又迅速,并且能自动化,还几乎没有什么损耗。1965年,我国科学工作者就用这种方法合成了具有活性的人工胰岛素,为人类开创了人工合成蛋白质的前景。到1969年,合成的链更长,为124个氨基酸的核糖核酸酶。

酶是蛋白质分子的一种,它能在没有高温、高压、强化物质的条件下,在严格而又灵活的控制下,进行体内多种复杂的化学反应,维持生命的各个方面。生物体内的几乎每一种化学反应步骤都有一种专一的酶在起催化作用,其催化效率比一般催化剂高约$10^6 \sim 10^{10}$倍。

酶就是"蛋白质催化剂"。目前已知酶有2800多种,酶是有机体的催化剂。和无机物的催化剂不同,它有着高度的专一性。每一种酶都有特定结构的表面,以便和一种特殊的化合物结合。起催化剂作用的不是整个酶分子,而只是酶分子的一部分。后来,人们进一步发现一个有趣的现象:可以把酶分子大大地砍掉一段,而不影响它的活性。例如有一种同胃蛋白酶差不多的"木瓜蛋白酶",从N端去掉胃蛋白酶分子180个氨基酸中的80个,它的活性看不出降低多少。这样,至少可以把酶简化到便于人工合成的程度,变成相当简单的有机化合的合成酶,从而可以大量生产,用于各个方面。这将是一种"化学上的小型化",能把整个化学工业推向一个新的发展阶段。

单糖和多糖

在细胞中的糖类可分为两种，单糖和多糖，其中多糖是由单糖聚合而成的。

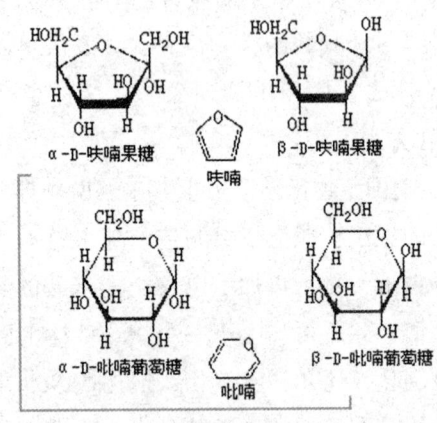

单糖分子式

单糖在细胞中是用作能源来利用的。最重要的单糖有 2 种——五碳糖和六碳糖。在五碳糖分子中，含有 5 个碳原子，而在六碳糖分子中，含有 6 个碳原子。

葡萄糖是细胞中最重要的单糖之一，也是供给生物能量的重要物质之一。葡萄糖在体内代谢途径的阐明，在整个新陈代谢问题的研究中占有极为重要的地位。现在已经清楚地了解，糖在生物体内的氧化，包括不需氧的氧化和需氧的氧化 2 个过程。

多糖在细胞中的用途更广泛一些，主要可以分为 2 种，一是作为食物储存，二是参加细胞的结构组成。多糖在植物细胞中表现为淀粉，而在动物细胞中表现为糖原。

淀粉和纤维素都是多糖类化合物，是生物细胞的重要组成部分，人类自古以来就熟悉它们。但是这些物质的组成成分和结构是到 19 世纪以后才逐渐被认识的。19 世纪中叶发现，不论是淀粉还是纤维素，水解后的产物都是葡萄糖。它们的化学成分都是由碳、氢、氧组成，其中氢氧之比同水分子一样，所以长期以来称这类化合物为碳水化合物。

淀粉在生物体内有两类分子，均由葡萄糖分子聚合而成，一类淀粉是不分枝的分子，所以人们将其称为直链分子；另一类淀粉分子为有分枝的多糖，称为支链淀粉。支链淀粉的分子要比直链淀粉的分子大，在直链淀粉分子中，每一分子含有250~300个葡萄糖单元，而在支链淀粉分子中，每一分子含有1000个以上的葡萄糖单元。

脂 类

细胞内脂类化合物的种类很多，包括有脂肪、脂肪酸、蜡、甾质、磷酸甘油脂、糖脂和鞘脂等。

脂肪酸在细胞和组织中的含量极微，它的重要性在于它是若干种脂类的基本成分。脂肪酸类是由碳氢链组成的，一头溶于水，另一头不溶于水，所以，当脂肪酸在水中，是一头扎在水里的模样，可溶性的一头扎入水中，而另一头则露在水表面。

脂肪酸甘油脂是动、植物体内脂肪的主要贮存形式。当生物体内碳水化合物、蛋白质或脂类过剩时，即可形成甘油脂贮存。脂肪酸甘油脂为能源物质，氧化时可比蛋白质多释放出2倍的能量。

此外，磷脂是构成细胞膜系统的主要成分。动物细胞膜的主要磷脂成分为脑磷脂和卵磷脂。在细菌细胞膜和叶绿体、线粒体膜中还有一种心磷脂。

核酸是另一种重要的生命物质，它的发现比蛋白质约晚30年。在下一节里会有介绍。

基因与基因组

什么是基因

遗传学作为一门独立的学科，对它的精确研究，即现代遗传学，是从奥地利生物学家孟德尔开始的。孟德尔选择了正确的试验材料——豌豆，并首次将数学统计方法应用到遗传分析中，成功揭示出遗传的 2 大定律：分离规律和自由组合规律。在其学说中，孟德尔明确地提出了遗传因子的概念，并且强调控制不同性状的遗传因子的独立性，彼此间并不"融合"或"稀释"。

1899 年，约翰逊首次提出用"基因"一词来代替孟德尔的遗传因子。他认为遗传因子是一个普通用语，不够准确，而"基因"是一个很容易使用的小字眼，容易跟别的字结合。他在 1911 年还指出，受精并不是遗传具体的性状，而是遗传一种潜在的能力，他把这叫做"基因型"。基因型可能在个体中表现出可见性状（表现型），也可能不表现。

约翰逊提出的基因一词一直沿用下

现代遗传学奠基人孟德尔

来。在经典遗传学中，基因作为存在于细胞里有自我繁殖能力的遗传单位，它的含义包括3个内容：第一，在控制遗传性状发育上是功能单位，故又称顺反子；第二，在产生变异上是突变单位，故又称突变子；第三，在杂交遗传上是重组或者交换单位，故又称重组子。把基因分成顺反子、突变子、重组子，证明基因是可分的，打破了传统的"三位一体"的说法。这一点现在已经为现代遗传学所证实。

生物学家缪勒认为，应该摆脱基因概念创始人的束缚，并力图将基因物质化与粒子化。他提出，如果基因是物质的，人们就可以用自由电子之类打中它，并得到对它大小的估计。缪勒就是在这种思想指导下，首次以X射线造成人工突变来研究基因的行为。1921年，缪勒明确提出：基因在染色体上有确定的位置，它本身是一种微小的粒子。它最明显的特征是"自我繁殖的本性"；新繁殖的基因经过一代以上，是可以"变成遗传的"。基因类似病毒，今天我们知道，任何最简单的病毒也不只一个基因，况且病毒外面还有蛋白质外壳。提出基因类似病毒，足以反映缪勒力图将基因结构具体化、物质化的想法。正因为如此，他深信"我们终归可以在研钵中研磨基因，在烧杯中烧灼基因"。

在人们承认基因是遗传的基本单位之前，生物化学家曾经将酶作为遗传的基本物质，并提出"酶制造酶"的错误理论。

20世纪30~40年代，当遗传学家为基因的作用而感到困惑不解时，生物化学家正在兴致勃勃地研究酶。酶是一种特殊的蛋白质。酶具有催化和控制化学反应的特殊才能。而且这时的生物化学家已经知道，蛋白质是由许多氨基酸聚合而成的多肽链，多肽链本身就可以折叠成复杂的蛋白质的立体结构。可是生物化学和遗传学在这个时期却并没有什么配合，大家都各行其是。遗传学家向生物化学家提出了一个问题：细胞中的蛋白质或酶是从哪里来的？

于是一些生物化学家就提出这么一种见解：蛋白质的生成只要用一个又一个的具有特殊功能的酶把氨基酸的顺序决定下来就行了。因此，制造每一种蛋白质就一定会有与它的氨基酸数相等的酶存在。这就是"酶制造酶"的理论。这其中有一个历史原因，当时蛋白质化学发展较快，核酸的生化分析则发展较慢。

但这个理论是错误的。虽然这个假说看起来好像很有道理,但是试想一个蛋白质的形成需要许多决定氨基酸顺序的酶,那么这种决定氨基酸顺序的酶是什么呢?它又是谁制造出来的呢?那只有再假设存在一系列的决定氨基酸顺序的酶的酶,这样下去就没完没了了,氨基酸的顺序问题永远也得不到解决。

还有一种见解,认为细胞中存在着一种神奇的蛋白质模板,可以不断地变化形状,20种氨基酸就在模板上形成不同的顺序。可是人们一直不能找到这种模板,相反却发现所有的酶似乎只有一种功能,专一性非常强,那种多功能的模板根本不存在。

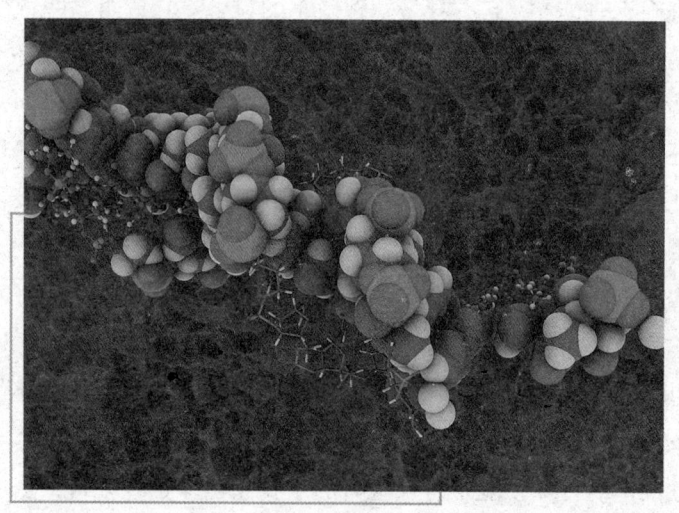

基因示意图

后来人们逐渐知道,如果蛋白质能够制造蛋白质,那么反应的精确性必须非常高。每合成 10^8 个氨基酸不能产生一个错误,这样才能保证遗传信息的稳定性。但是,在酶生酶反应的原材料——氨基酸中有很多是彼此非常相似的。实际上酶催化反应的精确度只能达到 10^{-6}。显然,酶是不能担负起遗传物质的作用。

1951年,摩尔根等人出版了《孟德尔遗传的机制》一书。这本书总结了他们主要的遗传学观点。在这本书里，摩尔根全面提出了基因论。基因论的主要观点是：

1. 基因位于染色体上；

2. 由于生物所具有的基因数目大大超过了染色体的数目，一个染色体通常含有许多基因；

3. 基因在染色体上有一定的位置和一定的顺序，并呈直线排列；

4. 基因之间并不是永远连结在一起，在减数分裂过程中，它们与同源染色体上的等位基因之间常常发生有秩序的交换；

5. 基因在染色体上组成连锁群，位于不同连锁群的基因在形成配子时按照孟德尔第一遗传规律和孟德尔第二遗传规律进行分离和自由组合，位于同一连锁群的基因在形成配子时按照摩尔根第三遗传规律进行连锁和交换。

迄今为止，从最高等的哺乳动物到最低等的细菌和病毒，基因在染色体上的原理都是适用的，因此基因论科学地反映了生物界的遗传规律。不过基因论也有局限性，当时谁也不知道基因是什么样的物质；至于这样的遗传粒子究竟有什么功能，它是如何发挥功能的等等一系列的问题，基因论并没有涉及。因此，孟德尔、摩尔根的学说在当时被称为形式遗传学。

最终解决基因概念的问题是分子遗传学的出现。要解决基因到底是什么的问题，分子遗传学就需要回答：如果DNA是遗传物质，那么它何以具有稳定的结构？是什么力（弱力还是强力）把它们结合在一起？它的结构中糖、磷酸与碱基处在什么样的关系中？如何产生它的副本？又如何携带遗传信息？

在实验基础上，沃森和克里克经过艰苦的探索和分析，终于在1953年揭示了DNA的结构。DNA双螺旋结构的提出，标志着遗传物质认识史上的新阶段，从此奠定了基因的分子论，并揭示了遗传密码和遗传物质的调节控制机制。生物学家认识到DNA结构上贮存着遗传信息，这些特定的信息规定某种蛋白质的合成，从而人们终于达成了共识：DNA是遗传物质，基因是核苷酸上的一定碱基序列。

现代生物学证明，基因是生命的遗传物质，是遗传的基本单位，是

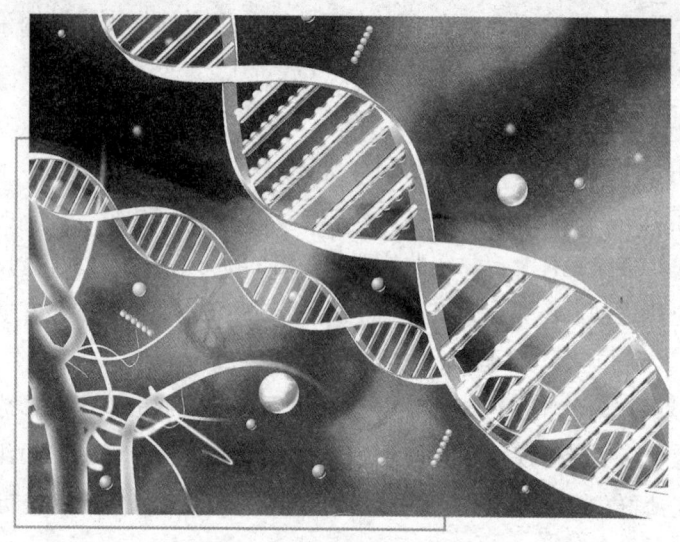

DNA 结构图

DNA（脱氧核糖核酸）或是某些病毒中的 RNA（核糖核酸）分子的很小很小的区段。一个 DNA 分子可以包含成百、上千、上万个基因，每个基因又包含若干遗传信息。已知的遗传信息都是三联体密码的形式。

基因的组成

摩尔根的研究工作说明，基因负责性状的遗传，它们存在于细胞核的染色体上。那么，基因是由什么物质组成的呢？这个问题的解决经历了一条艰难曲折的道路。科学家们通过对染色体化学成分的分析，了解到染色体是由蛋白质和核酸组成的。然而，两者究竟谁是组成基因的物质成分呢？

从很早的时候起，人们就认识到蛋白质在生命活动中的重要作用。科学家们发现，构成生物体的成分当中，大部分物质是各种各样的蛋白质，而生命活动的新陈代谢过程中更是都需要一种特殊的蛋白质——酶的催化作用。人们还发现，调节生命活动的许多激素也是蛋白质。可以说没有蛋白质就没有生命。于是，在探索遗传奥秘的进程中，科学家们很自然地便把寻找遗传物质的目光，首先投向了蛋白质。而蛋白质也真像遗传物质，蛋白质是由许多氨基酸分子相互连接而成的高分子化合物，它像一列很长的火车，由许多车厢组成，每一节车厢就可以看作是一个氨基酸分子。由于组成每种蛋白质分子的氨基酸种类不同，数目成千上万，排列的顺序变化多端，形成的空间结构更是千差万别，因此，蛋白质结构的多种多样，正好可以说明构成生物的多样性。但是，非常遗憾的是，经过许多科学家的研究证明，蛋白质并不能"复制"，它不能由蛋白质生成相同的蛋白质，也就是说，蛋白质不符合遗传物质能传宗接代的基本条件，于是想证明蛋白质是遗传物质的尝试最终失败了。有趣的是，这个长期令人困惑不解的问题，后来在小小的微生物的帮助下解决了。科学家们借助于对细菌和病毒的研究，终于揭开了其中的奥秘。人们终于发现，原来核酸就是生命的遗传物质，是基因的组成成分。

大家都知道，世界上最简单的生命莫过于病毒了。它们是寄生在细胞里面的一种"寄生虫"。有一种叫噬菌体的病毒，是一种专门吃细菌的病毒，它的样子很像蝌蚪，但比蝌蚪小得多，是肉眼看不见的，只有在放大几万倍的电子显微镜下，才能见到它的真面目。噬菌体有一个六角形的头和中空的"尾巴"，头的外壳是由蛋白质构成的，里面含有一

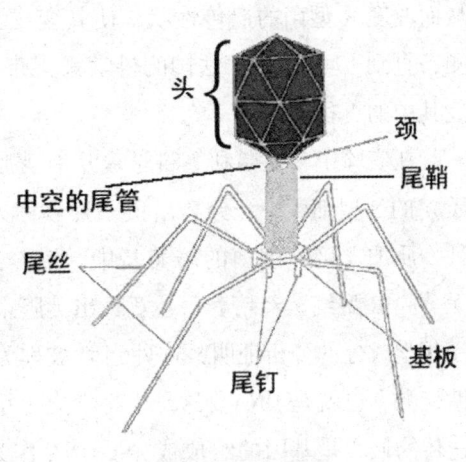

T4噬菌体结构示意图

种核酸，叫脱氧核糖核酸，也就是DNA。这种在空气中如同"尘埃"的微小生物，繁衍的方法非常奇特。当它们接触到细菌后，首先吸附在细菌上，然后像"注射器"一样，通过尾部把DNA注射到细菌中，蛋白质外壳则留在细菌外面。进入细菌内的DNA神通广大，会把细菌原有的正常生命活动，闹个天翻地覆，使细菌完全置于它的控制之下，为合成自己的核酸和蛋白质服务。这些核酸和蛋白质组装起来便装配成了许多病毒，破壁而出，然后再去侵染其他细菌。由此看来，病毒的传宗接代，靠的不是蛋白质而是

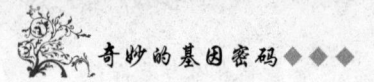

DNA，这就说明DNA是噬菌体的遗传物质。

　　1928年，英国科学家格里费斯在肺炎双球菌中发现了一个非常奇怪的现象。大家知道，肺炎双球菌有2种类型：一种是有毒的S型，它会使老鼠患肺炎而死亡；另一种是无毒的R型，不会使老鼠生病。格里费斯用高温杀死了有毒的S型细菌，再把它同活的R型无毒细菌混合起来，注射到老鼠体内。按理说，有毒的细菌已被杀死，活的细菌又无毒性，老鼠不应该得病了，但出乎意料，有些老鼠竟得病死了。于是，格里费斯对死鼠进行解剖、化验。结果发现，死老鼠的血液里有许多活的S型有毒的肺炎双球菌。这些"神出鬼没"的有毒病菌是从哪里来的？为什么死菌能"复活"呢？为什么无毒的R型活菌转变成了有毒的S型活菌？格里费斯认为，加热杀死的致病性的S型菌中，一定有一种物质可以进入不致病的R型菌中，从而改变R型菌的遗传性状，使其变成了S型的致病双球菌。他的这种推测，直到1944年由于法国的科学家艾弗利等人的出色工作，才终于揭开了这其中的奥秘。

　　在实验中，艾弗利等科学家从有荚膜（即细菌外面包着的一层糖类物质）的S型细菌中，分离出了一种被称为"转化因素"的物质，他们将这种物质加入培养细菌的培养基中，培养没有荚膜的R型细菌。奇怪的是，无荚膜R型细菌经培养后，竟长出荚膜来了，而且它的后代也都有了荚膜。经化学成分的分析证明，这种当时被称为"转化因素"的物质就是脱氧核糖核酸，也就是DNA。这是生物学史上第一次用实验的方法证实了核酸是遗传物质，是基因的组成成分。DNA作为遗传物质的发现，使遗传学的研究进入了一个新阶段。

核　酸

　　核酸是遗传信息的载体，是以核苷酸为基本构成单位的生物大分子。它与基因的关系极为密切。

　　核酸是由更简单的核苷酸组成，核酸能分解成含有一个嘌呤（或一个嘧啶）、一个核糖（或一个脱氧核糖）和一个磷酸的核苷酸。

核苷酸主要由 4 种不同的碱基组成。碱基是含氮的杂环化合物嘌呤的衍生物，因呈碱性，故称碱基。核苷酸中的碱基依次为"腺嘌呤""鸟嘌呤""胞嘧啶"和"胸腺嘧啶"。

核苷酸所含的糖，不是六碳糖，而是五碳糖，称为核糖。在核酸中由于所含五碳糖的性质不同，形成 2 种不同的核酸。酵母核酸含有"核糖"，称"核糖核酸"（RNA）；胸腺核酸里的糖只有一个氧原子，所以称为"脱氧核糖核酸"（DNA）。

到 20 世纪 40 年代，生物化学家们发现，染色体里的蛋白质和 RNA 的数量可以完全不同，

可是 DNA 的数量则总是不变的，这表明 DNA 和基因有密切的关系。现代生物学家证明，DNA 起基因的作用，是遗传物质。1967 年狄诺发现马铃薯纺锤状茎病毒，是只有核酸而没有蛋白质的类病毒后，又接连发现 7 种只有核酸而没有蛋白质的类病毒，这就证明生命是以核酸的形式存在着。

核酸的发现是一个偶然事件。1869 年瑞士有个年轻人叫米歇尔（1844～1895），正在做博士论文。他要测定淋巴细胞蛋白质的组成（当时蛋白质的发现才 30 年的历史，并被认为是细胞中最重要的物质）。米歇尔为了获得更多的实验材料，便到附近的诊所去搜集伤员们的绷带，想从脓液里得到淋巴细胞。米歇尔研究的目的是要分析这些细胞质里的蛋白质组成，因此他用各种不同浓度的盐溶液来处理细胞，希望能使细胞膜破裂而细胞核仍然保持完整。当他用弱碱溶液破碎细胞时，突然发现一种奇怪的沉淀产生了，这种沉淀物各方面的特性都与蛋白质不同，它既不溶解于水、醋酸，也不溶解于稀盐酸和食盐溶液。米歇尔意识到这一定是一种未知的物质，当他用不同浓度的盐溶液破碎细胞时好比是用不同孔径的筛子在搜寻这种物质，一旦盐浓度适当，该物质就被筛选沉淀出来了。那么这种物质是在细胞质里还是在细胞核里呢？为了搞清这个问题，他用弱碱溶液单独处理纯化的细胞核，并在显微镜下检查处理过程，终于证实这种物质存在于细胞核里。

米歇尔忘我地工作，1869 年从春天到秋天，他用上述方法在酵母、动物和肾脏和精巢以及有核（如鹅）的血红细胞中都分离到这种未知物质。

这些研究结果使他相信这种物质在所有生物体的细胞核里都存在，于是他把它定名为"核质"。

说来也巧，当米歇尔把这一重大发现向他的老师霍普·塞勒报告时，霍普·塞勒同时也收到了另一个学生的报告，发现了另一种未知物质——卵磷脂。这两种未知物质都含有较多的磷元素，这样霍普·塞勒不得不谨慎地决定重复他们的实验，因此，直到1871年才发表这两个学生的文章。又过了若干年，霍普·塞勒的另一个学生科塞尔（1853～1927）经过10多年的研究搞清了酵母、小牛胸腺等细胞的核质是由4种核苷酸组成，其碱基酸

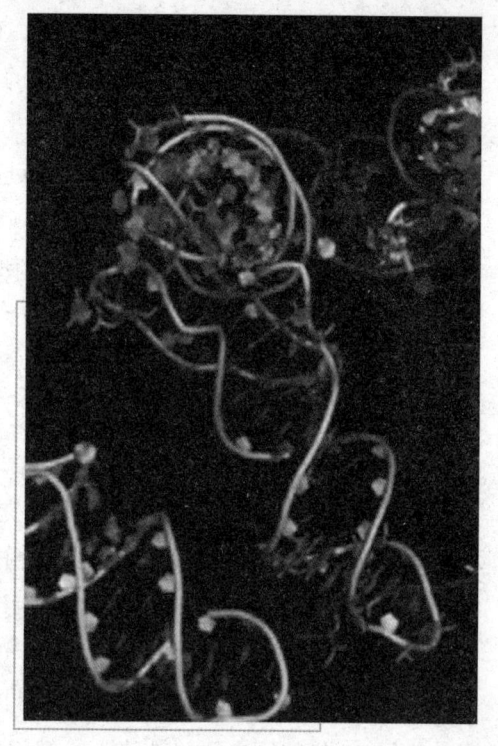

核　酸

组成分别为腺嘌呤（A）、鸟嘌呤（G）、胸腺嘧啶（T）和胞嘧啶（G）。而核酸组成成分中的另一个碱基尿嘧啶（U）的发现和鉴定则是20世纪初的事了。因为这类物质都是从细胞核中提取出来的，而且又都表现酸性，故改称为"核酸"。然而，实际上一直到了多年以后才有人从动物组织和酵母细胞分离出不含蛋白质真正核酸。

早期实验证明，核酸是由嘌呤碱（或嘧啶碱）、戊糖和磷酸组成的高分子物质。同时还发现，胸腺及许多其他动物组织细胞的核酸中所含的戊糖都是D-脱氧核糖，故称这类核酸为"脱氧核糖核酸"（DNA）；而酵母及多种植物细胞核酸中所含的戊糖是D-核糖，故称这类核酸为"核糖核酸"（RNA）。这些发现显然是核酸化学上的重要成果，但也带来了一些错觉以致长期使人们误认为DNA只存在于动物组织，RNA只存在于植物组织；而且两者都只集中存在于细胞核。直至20世纪40年代初期，由于生物化学新

技术的不断出现和应用。这些错误观点才逐渐被纠正。

另一方面，自核酸被发现以来相当长的时期内，有关它的生物学功能几乎毫无所知。直到1944年才有人发现，若将从S型肺炎双球菌（外面有一层多糖类荚膜）中提出的DNA与R型肺炎双球菌（外面没有荚膜）一起温育，则可使R型菌转化成S型菌，而且还能传代，这表示肺炎双球菌的DNA与其转化和遗传有关。1952年有人进一步发现，若以 ^{35}S（进入蛋白质）和 ^{32}P（进入DNA）标记的噬菌体中，只含 ^{32}P 而不含 ^{35}S。这表示噬菌体的增殖和传代直接决定于DNA，而不决定于蛋白质。这一事实进一步证明了DNA就是遗传的物质基础。差不多与此同时，还有人观察到凡是分化旺盛或生长迅速的组织（如胚胎组织等），其蛋白质的合成都很活跃，同时RNA的含量也特别丰富，这暗示了RNA与蛋白质的生物合成之间存在着密切关系。

1953年沃森和克里克提出的DNA双螺旋结构模型学说是人们对生物遗传特性的研究和核酸研究的共同结果。近百年遗传学研究所积累的有关遗传信息生物学属性知识，X线衍射技术对DNA结晶研究获得的一些原子结构的最新参数以及核酸化学研究获得的关于DNA化学组成（尤其是4种碱基比例关系）及结构单元的知识提供了DNA双螺旋结构模型的理论依据，这也是近百年来核酸研究划时代的结果。

通过水解DNA和RNA均可生成其基本单位——核苷酸，而核苷酸彻底水解的产物是磷酸、戊糖和碱基3类物质。

组成核酸的元素有碳（C）、氢（H）、氧（O）、氮（N）、磷（P）等，其中磷元素的含量比较恒定，约占9%～10%。因此，可以通过测定磷的含量来推算核酸的含量。这种核酸定量分析的方法称为定磷法。这是一种测定核酸含量的比较实用且简便的传统方法。

随着对RNA和DNA的分子结构与功能的研究，分子生物学的诞生，遗传密码的发现，基因工程的建立，对生命奥秘的探索越来越深入，把人类、动物、植物、微生物、病毒（非细胞生物）在核酸分子的水平上统一起来了。

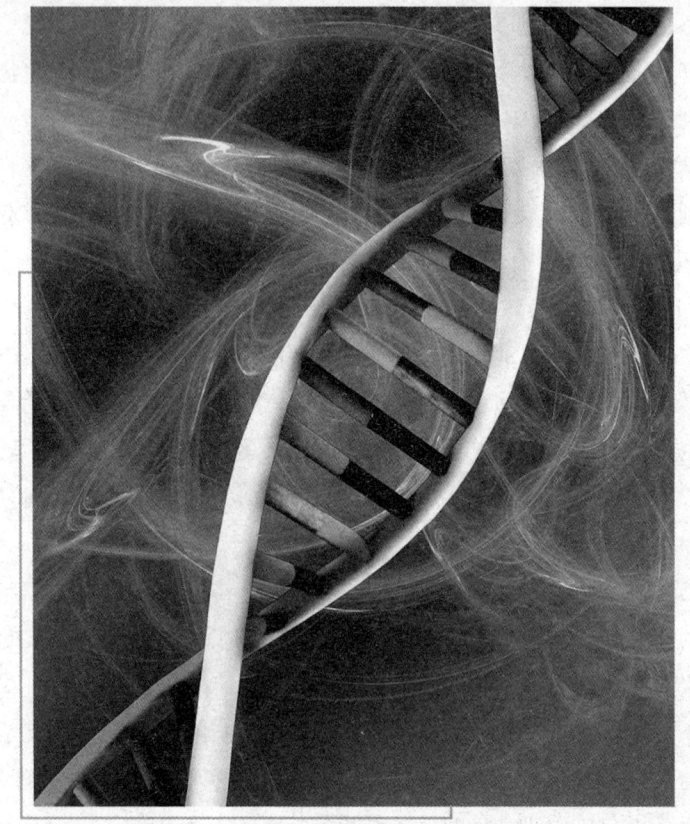

脱氧核糖核酸结构图

基因的位置

要证明基因在染色体上的具体位置,并不是容易的事。每一种生物里有为数很多的染色体,除了细胞在分裂时染色体短暂地列队集合亮一下相以外,在细胞的绝大部分时间几乎看不到染色体。染色体在分裂时又有难以捉摸的自由组合现象。如果生物的细胞里存在一种加了标记的染色体,那就好了,这样无论它到哪里,都可以把它找出来。

其实细胞学家早已找到这种染色体。1891年德国科学家汉金报道,在一种半翅目昆虫细胞中,雄性的比雌性的缺少一个染色体。由于不知其所以然,他就把那条失去配偶的"光棍汉"称为 X 染色体。20 世纪初,细胞学家又发现,在其他昆虫里也有这种情况。有些昆虫的"光棍汉"虽然已经有了"配偶",但这个"配偶"也太不像样了,是个"驼背",呈钩形,于是就把这个钩形染色体称为 Y 染色体。

1910 年摩尔根发现了果蝇的白眼性状的伴性遗传现象,并第一次把一个特定的基因定位于一条特定的染色体上。

摩尔根在做果蝇杂交实验的过程中,突然发现了一个白眼的雄果蝇,它的成活率很低。正常的果蝇的眼色是红的。他继续做了 3 组试验。

第一组试验:把这个唯一的白眼雄果蝇与红眼果蝇进行交配。结果在子一代的杂种中没有发现一个白眼的果蝇,这说明白眼是一个隐性突变。子代的结果与孟德尔的学说完全相符。摩尔根感到非常有趣,于是进一步做了子二代试验。在子二代果蝇中出现了白眼的后代,而

实验中的摩尔根

且比例基本上是3∶1。但是这里有一点是分离定律所不能解释的,就是所有的白眼果蝇只限于雄性。

第二组试验:把子代的红眼杂种雌蝇再同仅有的一只白眼雄蝇亲本交配,这实际上是孟德尔的测交试验。测交结果基本上符合 1∶1∶1。这正是孟德尔对一对因子回交结果的预期值。同时在第二组试验中,摩尔根还发现白眼性状不但能在雄性果蝇中出现,而且也能在雌性果蝇中出现。

第三组试验:白眼雌蝇同另外一些红眼雄蝇交配。在这个试验里的子一代中,摩尔根发现:凡是雌蝇都像父亲,全是红眼;凡是雄蝇都像母亲,全是白眼。特别是作为隐性的白眼,居然出现于子一代,这确实是新情况。更使摩尔根感兴趣的是,这些子一代雌蝇与白雄蝇相互交配,生出的子二

代的结果完全和第二个试验中的回交结果一样,其比例也是1∶1∶1,红雌、白雌、红雄、白雄基本上以相同数目出现于子二代。

摩尔根对自己亲自做的上述3组试验进行了综合分析。他非但没有否定孟德尔的遗传规律,而且由于他知道雄性果蝇有一条特殊的Y染色体,它的性染色体是XY型,所以他下结论说控制红白眼性状的基因就在于果蝇的性染色体——X染色体上。

第一组试验使摩尔根肯定了果蝇的红眼和白眼性状是一对相对性状,是由一对基因控制的;第二组试验充分证明,红白两个性状确实来自同一个基因,因为这里测交的结果只有红白两种果蝇。另外可以看出白眼性状的表现并不一定只能雄蝇有,回交的后代有一半是白眼雌蝇;第三组试验是一个关键的试验,因为红眼基因和白眼基因这一对等位基因存在于性染色体上。

由于果蝇的性染色体有2种:X染色体和Y染色体,那么控制果蝇红眼还是白眼的基因是位于X染色体上还是Y染色体上,或者在X染色体和Y染色体上同时存在?摩尔根认为X染色体上有这种基因,Y染色体上则没有这种基因,这是因为,Y染色体上基因很少,Y染色体是一个"残废者"。

因此,只要认为隐性的白眼基因在X染色体上,Y染色体没有白眼基因的等位基因,它仅决定雄性性别,这样上述三个试验就非常容易理解了。否则,很难找到其他的解释。

摩尔根由此证明基因是位于染色体上。

1911年,摩尔根又发现了几个伴性遗传基因,从而说明,基因的

果　蝇

对数很多，而染色体的对数则很少，基因的对数大大多于染色体的对数，如果基因在染色体上，势必每条染色体上要有很多基因。

摩尔根将在同一对染色体上的基因称为一个连锁群，同时还发明了三点测交法来确定基因之间的相互位置和距离。如果基因是位于染色体上，那么不难知道，生物体中的连锁群的数目应该和染色体的对数相同，具体到果蝇上，就应该存在 4 个连锁群，如果在果蝇中发现 4 个连锁群，也就证明了基因是位于染色体上。

到 1914 年，摩尔根实验室已经在果蝇中发现了 80 多个基因，并确立了 3 组连锁群。而果蝇一共有 4 对染色体，按照摩尔根所确立的基因在染色体上呈直线排列的理论，那么应该有 4 组连锁群，而现在只找到了 3 组连锁群。从 1910 年开始，摩尔根和他的合作者找了 4 年，鉴定了将近 200 个基因，仍然没有发现这最后一组连锁群。这对摩尔根的理论甚至对整个遗传的基因理论都是一个严峻考验。因为他的理论如果没有充分的事实支持是不能获得承认的。1914 年难关终于被攻破了。马勒找到了位于第四染色体上的第一个基因。这个基因与果蝇的眼有关，它的隐性性状是无眼。为什么果蝇的第四染色体上的基因这么难发现呢？从果蝇染色体的形态可以看出，这个染色体太小太短了，几乎是一个小圆圈，它所含有的基因不到果蝇基因总数的百分之一。无眼基因被发现后，又发现了 2 个基因与它连锁，这就证明第四个连锁群是客观存在的。不过它们的交换值都非常小，这正好与第四个染色体极短的长度相符合。

遗传学上的连锁群数与细胞学上的染色体数相等，这一生动的事实再一次证明了孟德尔—摩尔根遗传的染色体理论，基因是客观存在的，就在染色体上。

基因的一般特性

基因是能为生物活性产物编码的 DNA 片段，经过复制可以遗传给后代，经过转录和翻译可以指导生命活动所需的各种蛋白质的合成。这些生物活性产物主要是各种蛋白质和 RNA。

从中可以发现基因主要有以下3个基本特性：

1. 复制特性。DNA 通过以其自身为模板合成 2 分子完全相同的 DNA 分子，这样保证了亲代的遗传信息稳定地遗传到子代中去。RNA 也可通过复制（以 RNA 为模板合成 RNA）或逆转录（以 RNA 为模板合成 DNA）过程把遗传信息一代一代传下去。

2. 决定表现型。基因通过转录和翻译等过程把基因中的碱基排列顺序转变为蛋白质中氨基酸的排列顺序，决定了各种蛋白质的功能，体现出种种性状（表现型）。

3. 突变特性。突变是指基因分子中一个或几个核苷酸的异常变化。突变是生物进化、细胞分化的分子基础，是一种自然现象。但是，有些突变也可引起人类的多种疾病。

基因分类

基因按其功能可分为结构基因、调控基因和 RNA 基因 3 类。

1. 结构基因。结构基因是指能转录成 mRNA 并通过 mRNA 指导蛋白质或多肽链合成的基因。1941 年美国生化遗传学家 G·W·比德尔和生化学家 E·L·塔特姆提出的"一个基因一个酶"的假说中所指的基因就是结构基因。人体内形形色色的蛋白质是结构基因表达的产物。

2. 调控基因。可调节和控制结构基因表达的基因叫调控基因。人体的调控基因是各种被称为顺式作用元件的 DNA 序列。主要有启动子、增强子和沉默子。

3. RNA 基因。这是指只转录而不翻译的基因，如：指导 rRNA 合成的 DNA 序列——rRNA 基因；指导 tRNA 合成的 DNA 序列——tRNA 基因（tDNA）。这类基因的特点是具有高度重复序列。

基因组

基因组是一个生物体内的全部遗传信息。绝大多数生物的基因组是由双链DNA组成,只有某些病毒的基因组是由双链或单链RNA组成(这类病毒属于RNA病毒)。人的基因组由染色体和线粒体DNA组成。

人类基因组的结构比较复杂,具有以下4个特点:

1. 结构庞大。人类基因组结构庞大,具体体现在:①一级结构方面,人类染色体基因组DNA由31.647亿个碱基对组成。在全部基因组中,大约有3.5万个基因,仅占全部基因组的6%~10%左右;另有5%~10%的重复基因(如:rDNA和tDNA等);其余80%~90%为调控序列、功能不详序列或无功能的序列。②高级结构方面,人体的主要遗传物质与组蛋白等构成染色质,被包裹在核膜内,而且人体的染色体是二倍体。③有核外遗传成分,即存在于线粒体中的环状线粒体DNA。人类线粒体DNA的长度为16569bp,含有37个基因,其中13个为与基因编码ATP合成有关的酶和蛋白质,22个为tRNA基因,2个为rRNA基因。mtDNA具有自我复制和转录及为蛋白质编码的功能,其结构比较简单,也没有组蛋白质包裹。

2. 重复序列。人体基因组中有许多以一定核心序列串联起来的重复序列。根据重复序列在基因组中出现的次数,可将DNA分为高度重复序列、中度重复序列和单拷贝序列。①高度重复序列:其核心序列为10bp~300bp,重复10^6次,占基因组的10%~60%。②中度重复序列:其核心序列为100bp~500bp,重复10^3~10^4次,占10%~40%。③单拷贝序列:在整个基因组中只出现一次或很少的几次,一般系为蛋白质编码的基因。某些重复序列对DNA复制、RNA转录调控

复杂的基因组

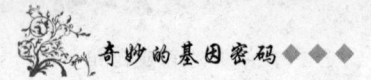

等具有一定的作用。个体间 DNA 具有多态性的主要原因之一就是因为有重复序列的存在。分析人类 DNA 多态性在医学、法医学、遗传学和人类学等领域具有应用价值。

3. 单顺反子。人的每一个结构基因转录后生成一个 mRNA，经翻译只生成一条多肽链（或蛋白质）称为单顺反子。原核生物（如细菌）的一个 mRNA，经翻译往往生成多条多肽链或蛋白质称为多顺反子。人的各种基因的大小差别很大，如：血红蛋白基因仅约 1700bp；而假肥大型营养不良症基因全长 2300 千对碱基，是迄今为止发现的最长的人类基因。

4. 基因的断裂现象。由于人的结构基因与其他真核生物的结构基因一样，由若干个编码区和非编码区间隔而又连续镶嵌而成，并为一个由连续氨基酸组成的完整蛋白质编码，所以这种结构基因称为断裂基因。断裂基因中的编码序列称为外显子；而非编码序列称为内含子。在基因表达过程中，外显子和内含子均转录，但转录形成的初始产物要经过切除内含子和拼接外显子等步骤才能生成成熟的有功能的 mRNA。基因的断裂现象也是人及其他真核生物区别于原核生物（如细菌）的重要特征之一。

染色体

什么是染色体

现代医学证明，不论对于有性生殖，还是无性生殖，染色体都是生命复制的载体，遗传是通过染色体来实现的。

动物、植物和微生物中，包括人在内，它们的身体细胞中都有相当数目的染色体，一般有几对、几十对不等。较少者仅有一对，如单价马蛔虫，多者可有几百对。

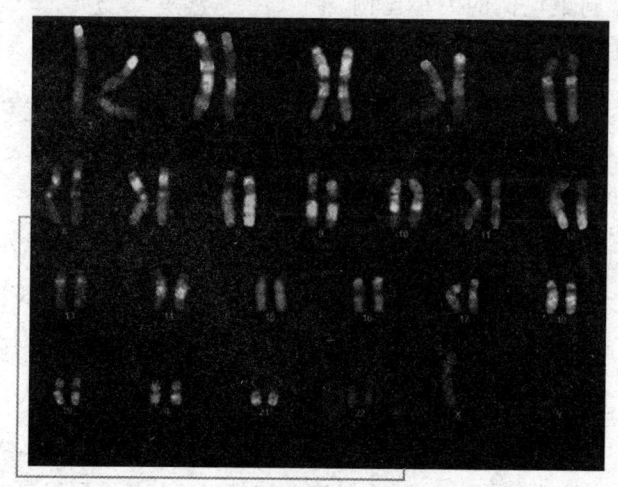

人类染色体荧光显示

所谓染色体，实际上是染色体以 DNA-蛋白质的纤丝存在于间期核内。到了细胞分裂期，染色体纤丝就会不断螺旋化，成为在显微镜下可见的染色体，对真核类染色体的成分进行化学分析后知道，其中 DNA 占 30% 左右，蛋白质占 60%～70%，还有少量 RNA。

现在已经了解，染色体最小的单位是核小体，它是由 4 种组蛋白 H2a、H2b、r13、H1 各 2 个分子，共 8 个分子组成一个直径为 10 纳米（1 纳米为 10^{-9} 米）的圆珠，DNA 在圆珠外围绕了 13/4 周。还有组蛋白 H1 存在于圆珠附近的 DNA 链上，这样一组结构称为核小体。

由于 DNA 链是连续的，必使许许多多的核小体成串，形成一条以 DNA 为骨架的染色体细丝。这样的细丝要经过 4 次螺旋化，从直径约为 10 纳米的一级结构纤丝到 30 纳米的二级结构螺旋体，再到三级结构直径为 400 纳米的超螺旋体，最后成为显微镜下可见的染色单体。

从 DNA 到染色体的大小比例改变多少？以人的染色体为例，在光学显微镜下观察到的长度约为 2～10 微米（1 微米 = 10^{-6} 米）。这是它们的 DNA 双链或者称核小体

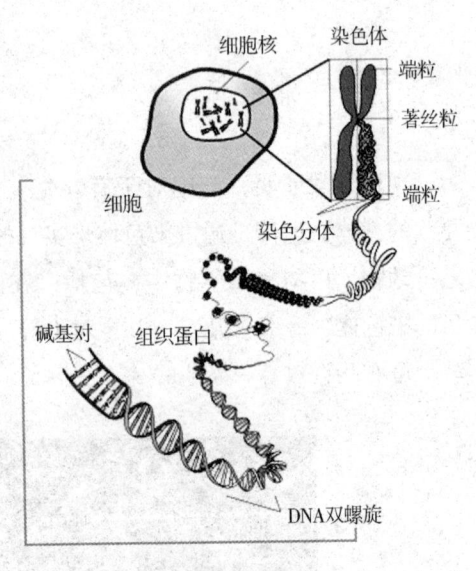

染色体结构图

纤丝经过螺旋再螺旋，长度大约压缩 1/8400，简单地可看作缩小到万分之一。如果把人的染色体的平均长度看做 6 微米，其 DNA 长度不下 50 微米，每个细胞有 46 条染色体，DNA 的总长度达 150～170 厘米，这样长的 DNA 大约可容纳 109 个三体密码和相当于 100 万个碱基。信息量之大，可以蕴藏着表达一个正常人体所需要的全部遗传特性的基础。若把组成我们每一个人体的约 3×10^{14} 个细胞中的 DNA 长度总加起来，其长度可以自地球到太阳来回 100 次以上，多么惊人的天文数字。可是，当平常这么长的 DNA"云

梯"分散在一个人体的几千亿细胞中时，不借助于电子显微镜是无法找到它们的。

各种生物都有一定的染色体数目。高等动植物的染色体数目，一般是指体细胞内的染色体数目，有 2n，表示同样的染色体有 2 套。

实际上，一般的染色体，称常染色体，确有 2 套，但和性别有关的染色体，即性染色体，在不同性别的细胞中是有点不同的。例如：人类女性除 22 对常染色体之外，还有一对和性别有关的 X 染色体，表示为：2n = 22 Ⅱ + XX（同配性别）；而男人的性染色体在体细胞中是一个 X 和一个 Y，表示为 2n = 22 Ⅱ + XY（异配性别）。

哺乳类的其他动物，两栖类如青蛙，昆虫的双翅目如果蝇、直翅目等的性染色体情况与人类的相似。鸟类、昆虫的鳞翅目（如蚕）正相反，雌性是异配性别，雄性则是同配性别。

一种生物的一个细胞中全部染色体的形态特征称为染色体组型，也称为核型。根据相对长度、长短臂之比、着丝粒位置等，将常染色体分成 A ~ G 7 个组，标有 X 和 Y 是性染色体。XX 是女性，XY 是男性。每一染色体含有 2 个染色单体，除 X、Y 外，同样的染色体均有 1 对，共 23 对即 46 个。

20 世纪 60 年代以来，染色体的染色技术有了很大的发展。已可使染色体在纵向上显出各种不同的分带；分带的位置、宽窄和着色深浅等在不同的染色体上是各不相同的，对于某一种特殊染色分带技术来说，带型是专一和固定的。这种分带技术，把染色体组型技术引向深层次，在基因定位和染色体异常疾病的诊断中都非常有用。

染色体的结构变异

尽管染色体结构是很稳定的，但在一定的外界条件下，染色体也会发生结构上的变化。这种变化是染色体断裂和重新差错接合而成的，所以又叫做染色体畸变。染色体畸变在生物进化中有一定意义。许多亲缘关系密切的种和亚种的分化，已证明是染色体结构变化的结果。所以，研究染色体结构变化对认识自然、解释自然是有帮助的。利用人工诱发的染色体结构变化，我们已经能够把标记基因接加到指定的染色体上，把某些野生植物的有用基因加入栽培植物的染色体中，还可以利用染色体结构变化控制害虫的繁殖。

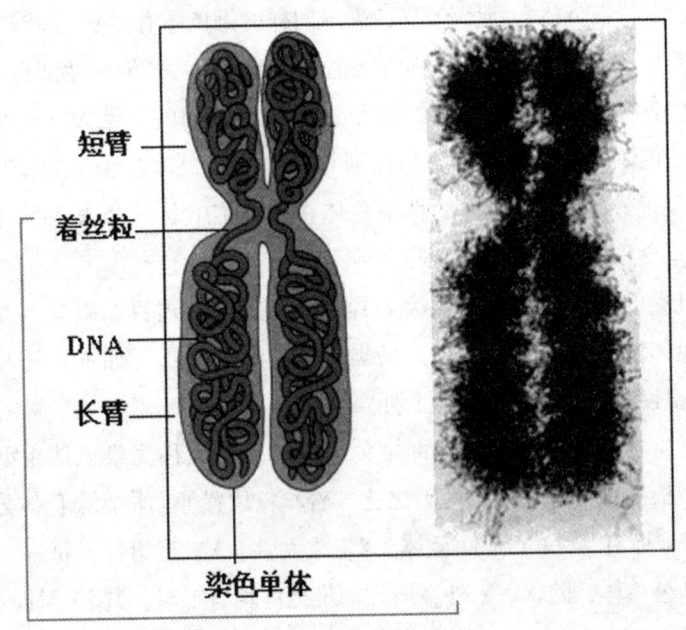

染色体结构

染色体结构变异可分为4种类型：缺失、重复、倒位、易位。缺失是指一条正常染色体上某段的丢失，也就是丢失了一个或几个基因；重复是指一条正常的染色体增加了与本身相同的某一区段。一对同源染色体如彼此发生对应的交换，就可使一个染色体发生缺失，而另一染色体发生重复；倒位是指染色体在断裂后某一片段倒转方向重新差错接合起来；易位是指染色体在断裂后某一片段差错接合到另一非同源染色体中。

染色体结构变化可以在自然条件下产生，也可以通过辐射或化学诱变人为地加以诱导。这样便可有目的地把染色体结构变化应用于实践。染色体结构变异被利用在家蚕品种改良中，其中最著名的是用于鉴别雌蚕以取得蚕丝增产的显著效果。我们知道，在生产上饲养雄蚕要比饲养雌蚕有利，因为雄蚕不会把养料消耗在产卵的需要上，桑叶吃得少，蚕丝吐得多，蚕丝重而丝的质量高，一般能增产20%~30%。那么能不能想办法控制雌蚕数量，有计划、有目的地多养雄蚕呢？日本科学家在家蚕上做了大量试验。家蚕的皮斑基因本来不在染色体上，不是伴性遗传。日本科学家用X线照射家蚕，使染色体的一段发生易位，把皮斑基因从常染色体移到性染色体上，使得雌蚕都有皮斑，而雄蚕没有。这样，就很容易鉴别出雌雄来。凡是身上有皮斑的，就是雌蚕，否则就是雄蚕。利用这个方法在生产中就可多饲养雄蚕，以提高丝产量。

利用染色体结构变化也可以更好地实现农作物育种。研究人员发现，在作物育种上经常碰到的一个问题是如何把野生植物的有利基因转移到栽培植物中来。野生植物中有许多性状是十分有利的，例如对某些病毒的免疫性或抗性。如果能最妥善地转移到亲缘相近的栽培植物中，那就会大幅度地提高产量。要做到这一点，首先要在近缘野生种中找到这种可资利用的基因，再把它跟栽培种杂交，获得能育的后代，再和栽培种回交。一般来说，野生亲缘种的染色体跟栽培种的染色体之间不能同源配对，因而不能通过交换重组把所需基因从野生染色体转移到栽培植物染色体上。唯一的办法是使带有利基因的染色体片段断裂下来，接加到栽培植物的染色体上。这样，在栽培植物的染色体上留下一个易拉片段，实现了有利基因的转移。

在小麦育种中，曾经利用这种染色体结构的变化把一个抗叶锈病的基因从伞形草成功地转移到普通小麦上。山羊草（2n=14）先和野生二粒小麦杂交和加倍，得到了一个能和普通小麦（2n=42）杂交的双二倍体（2n=42），把所得杂种再跟小麦回交2次，每次用来杂交的杂种都要选抗叶锈病的植株，结果在杂种后代中抗叶锈病的植株除了回复小麦的全套染色体外，还有一个来自伞形山羊草带有抗叶锈病基因的额外染色体。但这一染色体除了抗叶锈的有利基因外，还有野生伞形山羊草的其他不利的遗传物质。为此，需要把植株在减数分裂前用X线照射，以诱发伞形山羊草额外染色体和小麦染色体之间的断裂和重新接合，然后再用照射后的花粉给植物授粉。结果选出了一株抗叶锈的后代，获得了带抗叶锈基因的伞形山羊草易位小片段，并排除了其他不利野生性状的遗传。利用类似的方法，在烟草中也曾把抗烟草花叶病毒的基因从黏烟草转移到普通烟草品种中。在芝麻和马铃薯中也有同样的实例。

染色体的数目变异

自然界中绝大多数生物都以二倍体的形式存在，但是对生物的生活和发育来讲，有一套完整的染色体就可以了，这就是生物界为什么能够比较广泛地存在单倍体的原因。但是单倍体有一个致命的缺点：如果一个基因发生了有害的突变，那么它就成了害群之马，整个个体就有死亡的危险。二倍体就能克服这一弱点，至少这个"害群之马"的终生伴侣——等位基因还可能帮助它一下，用显性克服有害的隐性。那么，三倍体、四倍体以至多倍体是否也能在大自然的"竞技场"里生存呢？当然可能，生物界在漫长的进化史中不断地改变着物种的染色体的倍数。使具有各种倍数的品种在竞争中生存，这就是生物界染色体的"倍比定律"。

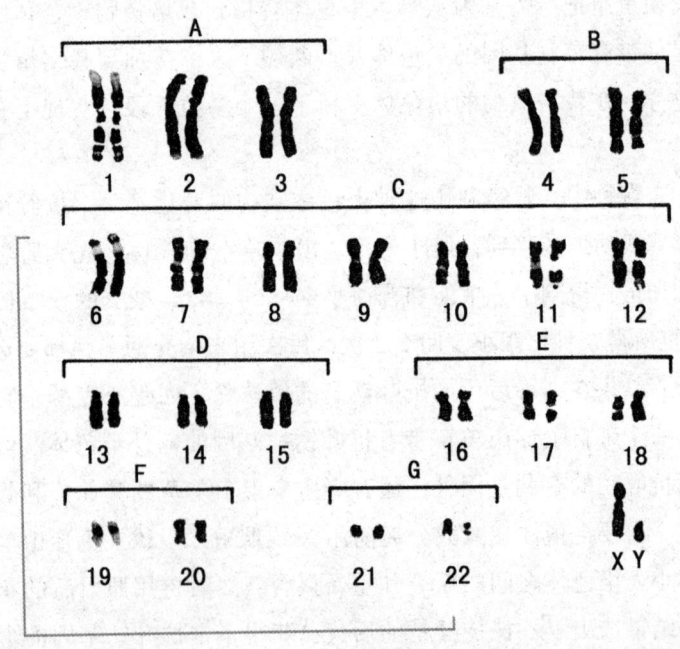

人类染色体排序

染色体数目的改变主要包括：

单倍体：个体细胞中含一套染色体组；

多倍体：个体细胞中含3套或3套以上的染色体组；

非整倍体：多倍体中增加或少一条染色体。

自然界中广泛存在着一些单倍体生物，它们的细胞内仅有一套染色体，与果蝇亲缘关系很近的白蝇、蜜蜂和黄蜂的雄虫就是单倍体；蚂蚁、虱子、蚜虫，它们的雄性个体也都是单倍体；蚜虫一到了夏季就好像脱衣服一样，除去了一半的染色体，成为单倍体；锥轮虫则遇到好吃的东西就变成单倍体，一饿起肚子来就统统成了二倍体了。植物中的单倍体也很普遍，藓类和苔类世代都是单倍体，人们甚至从小麦、水稻等植物的花粉中也可以培育成植株。这种植株有一个难得的好处，那就是它经过诱异变成二倍体后所有的基因都是极其地"干净"的，同源染色体变成了真正的"姐妹"染色体了。

距今7500万年，欧洲出现了单粒小麦，在遗传学上它是三倍体，它的染色体数是14；公元前5400年又出现爱美尔小麦，在遗传学上它是四倍体，其染色体数目是28；以及软粒小麦，在遗传学上它是六倍体，其染色体数目是42。软粒小麦就是我们现在常见的普通小麦。也就是说，我们常见的普通小麦是六倍体。而二倍体、四倍体和六倍体的小麦都在自然界中和睦相处，互相竞争。

生物界这种倍比系列还有许多。自然界中香蕉大多是无籽的，这是由于它是三倍体。由于是奇数多倍体，所以细胞在减数分裂时。总有一套失夫配偶的染色体在捣乱，结果香蕉不能进行有性生殖，都是无籽的。野生山柳菊中有二倍体（$2n=18$）和四倍体（$4n=36$）。家菊经过多年栽培则变化更加多，染色体数目$2n=18$、$4n=36$、$6n=54$、$8n=72$、$10n=90$。此外，茄子、桑树、甘蔗、莴笋、桔梗等等有多种染色体数目的倍比系列。自然界的高等植物中几乎有30%是多倍体，都由这种"倍比定律"支配着。所有这些都说明了一个事实：生物界进化可能通过这种有规律的量变形成新的物种，由此增加生物体遗传物质的多样性。

那么是什么原因使生物有这种"倍比定律"呢？现在已经知道，放射线照射、高湿、低温、超声、嫁接、某些化学药物等，都可以导致出现多倍体，番茄甚至在受伤的部位也可能出现多倍体，当然这是一个极端的例子。

生物体中多倍体的存在，使得人们可以利用这一点为人类造福。无籽西瓜就是一例。人们在吃西瓜时总要不断地吐西瓜籽，要没有西瓜籽该有多好，人们利用这种三倍体不孕的道理培育出三倍体的西瓜，就是无籽西瓜。

1927年，苏联遗传学家卡尔别钦科用杂交多倍体方法创造了一个自然界没有的物种——萝卜甘蓝。这个人工合成的新种，一半染色体是萝卜的，另一半是甘蓝的。它不仅用实验证明多倍体是起源于天然杂交，而且证明新种可以通过爆发的形式产生。从20世纪40年代末期起，人工获得的动物多倍体种也逐渐增多起来。

萝卜甘蓝

染色体数目的突变会给人类带来巨大危害。人们经常发现的是性染色体非整倍体突变。目前已发现了Y染色体缺失（XO）、X染色体增加（XXX或YYY），这些患者往往似男非男，似女非女，先天低能，发育不良，性器官退化或废缺，丧失生育能力。

性别畸型的原因之一是由性染色体不分离引起的。若出现X染色体不分开现象，就会出现不正常的生殖细胞，即会造成下一代的性别畸型。据研究，染色体不分开现象和母亲的生育年龄有关，其机率20岁的母亲约为1/2000，30岁的母亲约为1/1000，40岁的母亲约为1/100，45岁以上的母亲约为1/50。男性生殖细胞的畸形更多一些，由于X和Y属于非同源染色体或者源区很小，减数分裂中期，仅以头尾相接方式配对，增加了不分开现象的出现。如果出现XY精子和O精子，这里精子如与正常卵子结合，会产生XXY、XO等畸形，所以做好产前检查，预防性别畸形的出现，具有十分积极的意义。

染色体与男女性别决定

性染色体决定雌、雄的类型，主要有4种：XY型、XO型、ZW型和ZO型。

绝大部分的哺乳动物，包括人在内，都是XY型，还有果蝇等也是XY型。这种类型，两个X染色体（XX）为雌性，一个X染色体和一个Y染色

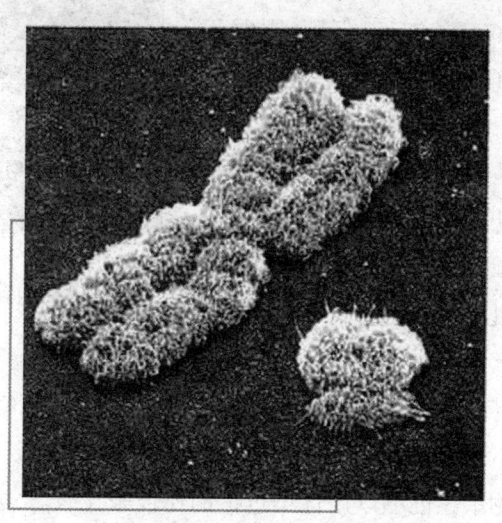

X染色体（长）和Y染色体（短）

体（XY）为雄性。人们为什么叫它 X 染色体和 Y 染色体呢？是因为学者最初发现了一种特殊的染色体，对它不了解，用 "X" 来标记它（还用了其他几种名称），以后学者就用了 "X 染色体" 这个名称来称谓性染色体，Y 染色体与 X 染色体是一对相对染色体（同源染色体），Y 是与 X 相对而应用起来的。

XO 型，是 XX 为雌，一个 X 染色体为雄。

ZW 型，和 XY 型正相反，即雌为 XY、雄为 XX，为了避免混淆，称为 ZW 型，即雄为二个 Z 染色体（ZZ），雌为一个 Z 染色体和一个 W 染色体（ZW）。ZO 型和 XO 型相反，即雄为 ZZ，雌只有一个 Z 染色体。

人的性染色体类型属 XY 型，女人为 XX，男人为 XY。所以从性染色体来说，女人产的卵只有一种，即每个卵都含一个 X 染色体，而男人产的精子则有 2 种，一种含 X，一种含 Y。精子与卵受精结合，是发育成男，还是女，完全取决于是哪种精子与卵受精，如果是含 X 染色体的精子与卵受精，则发育为女的。如果含 Y 染色体的精子与卵受精，则发育为男性。所以子女的性别是男是女，决定者在男方的精子，而不在女方。

性染色体是 "性别证明书"。在重大体育比赛中，法医都要使用性染色体鉴别法来区分男女。如果一个人的体细胞中含有一个或几个 Y 染色体，并有男性的表现型，那么不管他是否可以生育，仍被认为是男人。同样如果一个人的体细胞中含有一个或几个 X 染色体，只要不含有 Y 染色体，并有女性的表现型，那么不管她是否可以生育，仍被认为是女人。

即使在动物中，也可以用性染色体的比值来比较客观地反映动物的性别问题。

人类的性染色体

DNA

什么是 DNA

在生命的复制中,最重要的是 DNA,DNA 位于染色体上,而染色体只是 DNA 的载体。

在遗传中,真正的遗传信息是包含在 DNA 中的。所以,科学家们用一句话概括了 DNA 的重要性:DNA 是生物的遗传物质。之所以龙生龙,凤生凤,老鼠的儿子会打洞,都是由于各种生物的 DNA 所包含的信息各不相同。

即使是科学家用克隆技术来复制生命个体,其实质还是将亲代的 DNA 全部地、完整地、丝毫不差地转移到子代中去,从而来制造出一个同亲代一模一样的子代。

DNA 是什么?虽然早在 1869 年科学家就发现了 DNA,但 DNA 的组成、结构及其生物功能,长达 70 多年竟然无人知晓。

在前面已经介绍了"核酸"的发现过程,核酸是由腺嘌呤、鸟嘌呤、胞嘧啶和胸

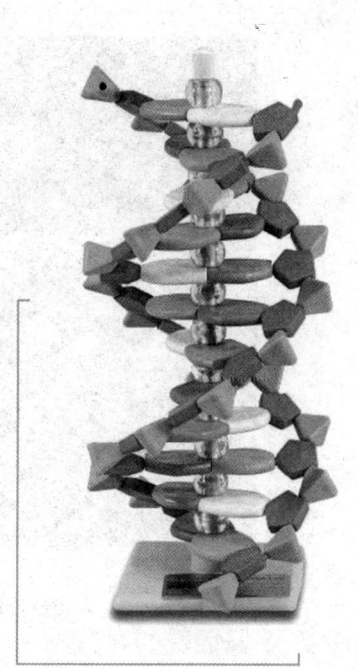

DNA 分子模型

腺嘧啶组成。

1909年,科学家利文发现酵母的核酸含有核糖。那么是否所有的核酸都会有核糖呢?为了解答这个问题,利文又继续研究了20年之久。1910年,他发现了动物细胞的核酸含有一种特殊的核糖——脱氧核糖。于是人们认为核糖是植物细胞所具有的,脱氧核糖是动物细胞所具有的,因此,这就是植物和动物核酸的区别了。

直到1938年,人们才纠正了这一错误的看法。人们认识到酵母中对酸比较稳定的核酸是核糖核酸(简作RNA),在胸腺细胞中抽提纯化出来的对酸不稳定的核酸是脱氧核糖核酸(DNA);所有的动植物的细胞中都含有上述两大类核酸。过去之所以能观察到酵母和胸腺细胞核酸的显著区别,是由于它们恰恰分别含RNA和DNA特别多的原因。以后人们还认识到RNA和DNA不单在核糖上有上述区别,而且在碱基组成上也有区别,RNA含尿嘧啶;DNA含胸腺嘧啶,这是两者所特有的性质。

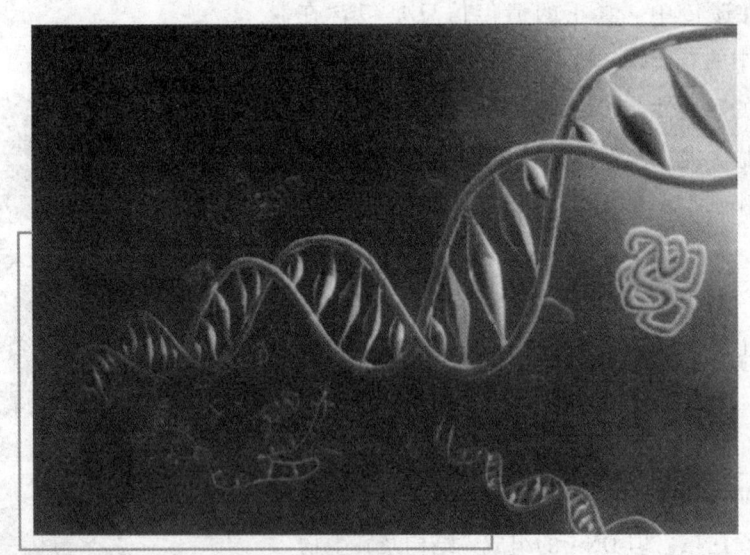

人类遗传信息全部贮存在DNA分子里

DNA 的结构与组成

1948年以来,美国生物化学家查加夫开展了一系列有关核酸化学结构的分析研究工作。他发现了 DNA 的 4 种碱基腺嘌呤(A)、鸟嘌呤(G)、胞嘧啶(C)和胸腺嘧啶(T)中,腺嘌呤(A)和胸腺嘧啶(T)的比例是一致的,而鸟嘌呤(G)和胞嘧啶(C)的比例是一样的。也就是说,[A]=[T],[G]=[C],[A+G]=[T+C]。这一研究成果的意义是十分重大的,它直接为 DNA 双螺旋结构中碱基配对的原则奠定了化学基础。

以后人们对查加夫的研究做了大量普查工作,结果发现,从最低等的病毒、细菌到真菌藻类,以至高等动植物中所提取的 DNA 都符合这种比例。

虽然到 20 世纪 50 年代初,人们对核酸的化学结构已经有了相当丰富的知识,但是对它的空间结构 DNA 知道得还不多,因此对于核酸怎样实现它的遗传职能,从结构上来说明还有困难。这是个亟须解决的问题。后来,经过科学家的努力,终于找到了解决 DNA 分子空间结构之谜的一个关键性的技术手段,这就是 X 线晶体学对生物大分子的成功应用。我们知道,早在 1921 年,英国晶体学家布拉格父子,就开始了通过 X 线投射晶体所产生的衍射图案的分析来确定分子结构的工作。最初是分析像氯化钠那样的简单盐类,以后逐渐发展到比较复杂的有机分子。

1938 年,欧洲科学家阿斯伯里发表了一张 DNA 的 X 射线衍射照片,指出 DNA 是一个具有较强刚性的纤维结构,间隔周期为 3.3 ×

复杂炫丽的 DNA

10^{-10}米。

第一个提出 DNA 是螺旋结构的是在贝尔纳实验室学习的挪威人福尔伯格。他在 1949 年的博士论文中提出了 DNA 的两种螺旋的构形。遗憾的是，这一重要发现没有引起遗传学家的注意。到了 20 世纪 50 年代初期，有 3 个小组展开了研究 DNA 的空间结构的竞赛。

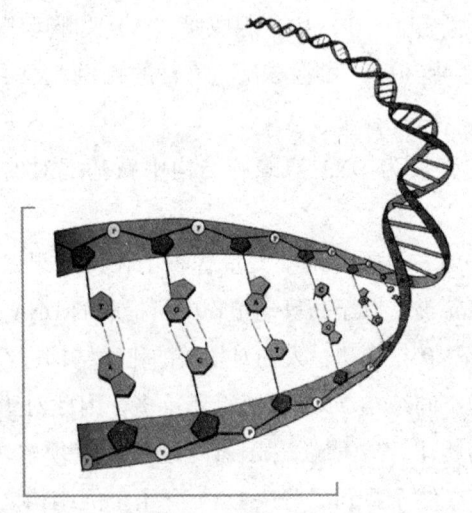

DNA 螺旋结构

英国物理学家威尔金斯小组取得一项重要的技术上的进展。他们设法制成了高度定向的 DNA 纤维，从而使拍摄到的 X 线衍射照片，轮廓清晰，细致入微，并且从照片上确认 DNA 纤维的结构是螺旋形的。威尔金斯在第二次世界大战以前主要研究晶体的荧光现象以及电子运动。第二次世界大战期间他参加了曼哈顿计划，为研制原子弹而工作。战后，威尔金斯投身于基因的研究。女物理化学家富兰克林参加了威尔金斯的研究小组。富兰克林在 X 线结晶学上有特殊的才能，她的到来使研究小组的实力大大加强。1951 年，富兰克林系统地测定了 DNA 在不同温度时对 X 射线衍射图谱的影响，并获得了一张非常出色的照片。但是富兰克林并未能由此而引出正确的结论。

美国生物学家沃森和英国生物化学家克里克合作组成一个小组。沃森和克里克的合作可谓出师不利。他们提出了一个 3 链的 DNA 模型，其重复

周期为 28×10^{-10} 米，错误很明显，甚至计算上也有失误，但他们却急匆匆地召集了一大批同行来参观这个模型，结果当众出了丑。不过，他们并没有灰心，他们虽然被迫从形式上离开了 DNA 模型这一合作课题，但是，仍然继续积极搜集有关的资料。他们完全明白这次的失败主要原因是没有详尽地占有资料。

后来，沃森和克里克利用了威尔金斯所提供的照片和查加夫的有关 DNA 中四种碱基含量的新数据，并且结合他们自己的创造性工作，终于在 1953 年提出了 DNA 分子双螺旋结构模型。1953 年 4 月 25 日，英国的《自然》科学杂志发表了沃森和克里克的 DNA 双螺旋模型。这个模型立刻得到全世界生物学家的认同。沃森—克里克模型一经公布立即震惊了世界各国的科学界。

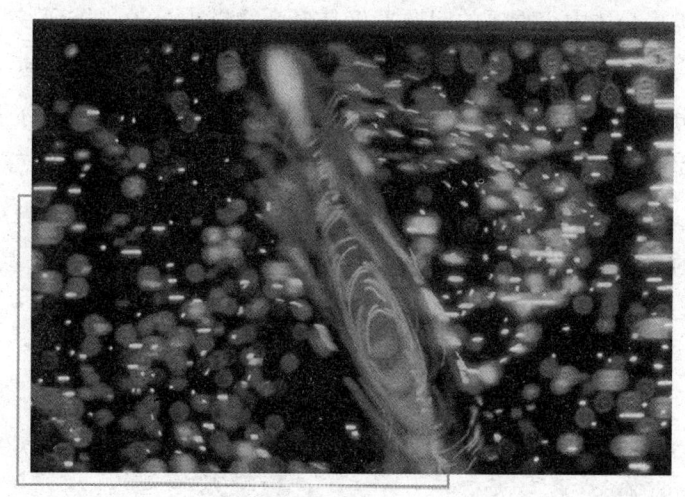

DNA 分子聚集

DNA 双螺旋模型以其提出者的名字又被称为沃森—克里克模型，整个模型活像一个向右螺旋上升的楼梯，梯子两边的"扶手"是由磷酸和脱氧核糖相间连接而成的，中间的"踏脚"是分别连在两边脱氧核糖分子上的两个碱基，碱基之间通过一种弱的化学键——氢键相互连接。DNA 的分子量巨大，一般在 $10^6 \sim 10^9$ 之间，或比这更大。它由千千万万个核苷酸连接而成，包括四种核苷酸，每种核苷酸又由碱基、五碳糖、磷酸组成。这样

DNA 实际上由 2 条多核苷酸单链所组成。这 2 条单链原子的排列方向互相颠倒，方向相反，但它们仍平行地围绕一条公共的轴旋转。螺距为 34×10^{-10} 米，相邻 2 个碱基的距离为 3.4×10^{-10} 米，内侧碱基与螺旋的轴是垂直的，外侧的核糖和磷酸则是与轴平行的，整个螺旋的直径为 20×10^{-10} 米。

人们现在已经认识到，DNA 本身还存在着复杂的空间结构。用放大倍数达 10 万倍的电子显微镜，也不能显现出分子的结构。电子显微镜至多会显示出大分子的形状，而原子间的间距是几十亿分之一米的数量级，超出了目前科学家手上所拥有的最好的电子显微镜的分辨率。对于简单的化合物，测定化学结构和原子排列的任务是不太困难的：只要测定一系列组成原子、分子量和存在的特别功能的反应基团，一般就会分辨出这种结构。然而，对大分子，化学的分析并不能产生出整个的结构图像。像蛋白质和核酸这类聚合体中，重要的问题不仅是聚合物链中分子的排列，而且是这些链在空间的排列。这些链以特殊的形式折叠和连结起来，致使一条链的不同部分或不同链的不同部分归拢在一起和连结起来，造就了分子的最终形状。引起折叠的化学键很弱，致使链的局部可以展开，改变整个结构。因此，这些巨大的分子不是刚体，而是有点塑性的、可挠曲的固体，需要时可随时展开或关闭。

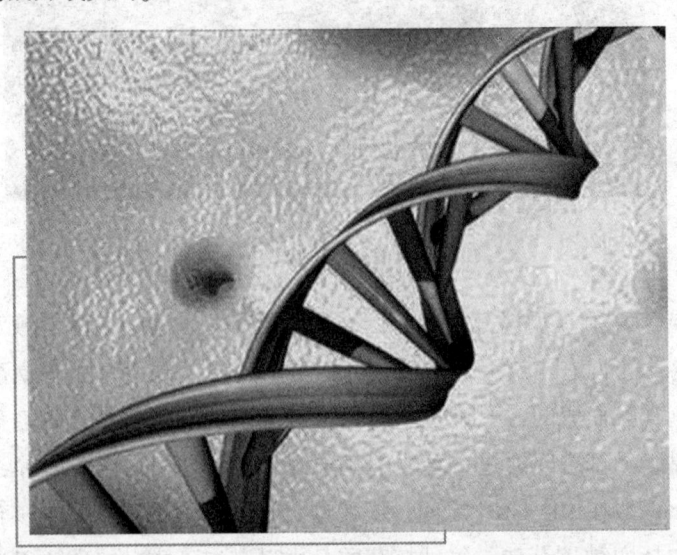

DNA 链的结构图

这两位分子遗传学的奠基人还根据整个结构做出了大胆的推论：由于磷酸和核糖是简单地相间排列，所以 DNA 所具有的"奇妙的"遗传信息就只能存在于两条多核苷酸的碱基排列顺序上。另一方面，他们考虑了查加夫的意见，认为从碱基分子大小和整个双螺旋的热力学稳定性来看，只存在下列碱基配对的可能性：

$$A = T \qquad C = G$$

A 只能和 T 配对，C 只能和 G 配对，也叫做碱基的互补。但其他的排列顺序和比数都是不固定的，因此碱基的基本排列方式有以下 4 种：A－T、T－A、C－G、G－C。

其他的配对方式不是使双螺旋的直径小于 20×10^{-10} 米就是大于 20×10^{-10} 米，都与 X 射线衍射的数据不符。

至此，沃森和克里克得到了一条分子遗传学以至分子生物学的重要法则即碱基互补法则。根据这条法则就不难理解，DNA 的 2 条单链都含有一套遗传信息，因为只要决定了一条单链的碱基排列顺序，另一条按照碱基互补规律就可以"复制"出来了，这实际上已解决了 DNA 如何控制生物信息的遗传的问题。因为 A－T 后还可以是 A－T、T－A，C－G 后还可以是 C－G、G－C 等等，如果有 4 级 4 种不同的碱基，它们的可能排列就有 $4^4 = 256$ 种。如果有 100 对核苷酸随机排列，可能就有 4100 种排列方式，有人估算这个数字比太阳系中的原子数目还要大。事实上，一个 DNA 分子的核苷酸不止 100 对，据估算可有 4000 到 40 亿对。这样看来，DNA 这种遗传物质，对说明生物的多样性，对贮存和传递巨大数量的遗传信息是完全能胜任的。如果联想到拍电报的电码符号只有"－"和"."2 种，但可以通过不同的排列而表达任何内容，对这个问题就不难理解了。

DNA 的功能

DNA 分子上的各个功能片段，以碱基排列顺序的方式，储存着生物体内所有的遗传信息。DNA 的主要功能是作为复制和转录的模板。

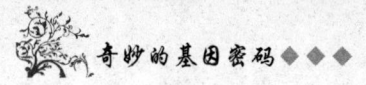

1. 复制功能。复制是指遗传信息从亲代 DNA 传递到子代 DNA 的过程。也就是以亲代 DNA 为模板，按照碱基配对的原则（A–T、C–G 配对）进行子代 DNA 合成的过程。通过一次 DNA 的合成，DNA 分子由 1 个分子变成了 2 个分子；而这 2 个子代 DNA 分子中包含的遗传信息与亲代 DNA 分子所携带的遗传信息完全一样，体现了亲代与子代 DNA 序列的一致性，即遗传过程的相对保守性。通过 DNA 的复制，人体的遗传信息可以一代一代地传下去，保持人类的延续性。

2. 转录功能。转录是指以 DNA 为模板，按照碱基配对的原则（A–U、T–A、C–G 配对）合成 RNA 的过程。通过转录，DNA 分子中的碱基序列转录成 RNA 中的碱基序列。转录生成的 3 种主要 RNA（mRNA、tRNA 和 rRNA）均与蛋白质的合成有密切关系，而蛋白质是各种生命活动的基础。因此，DNA 分子上包含的遗传信息是决定蛋白质中氨基酸序列的原始模板，它在生命活动中起决定性作用。

RNA 的功能

在人类，DNA 是遗传信息的携带者，而遗传信息通常由蛋白质来体现。但 DNA 不是合成蛋白质的直接模板，mRNA 才是指导蛋白质合成的直接模板。人体中的 RNA 的种类有多种，其功能也不同。见下表。

分 类	细胞核和细胞质	线粒体	功 能
信使 RNA	mRNA	mt mRNA	蛋白质合成的直接模板
核蛋白体 RNA	rRNA	mt rRNA	与蛋白质结合组成核蛋白体，作为蛋白质合成的场所
转运 RNA	tRNA	mt tRNA	转运氨基酸到核蛋白体上
不均一核 RNA	hnRNA		加工为成熟 mRNA
小核 RNA	snRNA		参与 hnRNA 的加工和转运

DNA 测序

人类基因组计划的一个主要任务是要测定人类基因组中 DNA 的核苷酸的排列顺序。由于遗传信息是以密码的形式体现在 DNA 的排列顺序之中，所以首先要了解和测定 DNA 的核苷酸排列顺序，因此，DNA 测序便成了探索基因奥秘的重要手段之一。

最初，测定 DNA 的核苷酸序列是非常难的事情，一是 DNA 分子十分巨大，提取过程中容易断开，不易得到完整的 DNA 分子；另外，即使得到不损坏的 DNA 分子，由于含有核苷酸太多，分析起来也十分困难；再有，过去没有找到特异地切开 DNA 链的内切酶。所以人们迟迟没有找到测序的有效方法。直到 20 世纪 70 年代，发现了限制性内切酶以后，再加上采用同位素标记、放射自显影和凝胶电泳新技术，才出现测序方法的革新。正是在这方面，因为英国分子生物学家桑格与美国科学家马克希姆和吉尔布特的卓越贡献，他们获得了 1980 年诺贝尔医学奖。

我们知道，DNA 分子特别长，不便于对整个分子进行分析，因此，先用内切酶把它切成一段一段的，然后对 DNA 的小片段进行分析，最后再按重叠片段一个个连起来，得出整个 DNA 分子的核苷酸序列。例如，有一个 DNA 片段上面有 AATCGT 序列，另有一个 DNA 片段上面具有 TTGCAA 序列，还有一个 DNA 片段具有 GTTCAT 序列。这样根据重复序列，把 3 个 DNA 片段连接起来，就可以知道这个大的 DNA 分子具有 TTGCAATCGTTCAT 序列。这好比我们要了解一幢大楼的内部设施，不可能一个人同时调查一幢大楼，而要分层调查，先查一层设施，再查二层、三层和四层……最后汇总每层调查资料，便能查清这幢大楼的整体设施情况。DNA 测序也是这样，要采取分段测序，最后再绘出整个 DNA 序列图。

那么，怎么对一段 DNA 进行序列分析呢？

首先，让我们来了解一下 DNA 序列分析的原理和基本技术。目前，主要采用英国科学家桑格发明的"双脱氧核糖核酸末端终止法"进行测定。

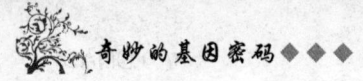

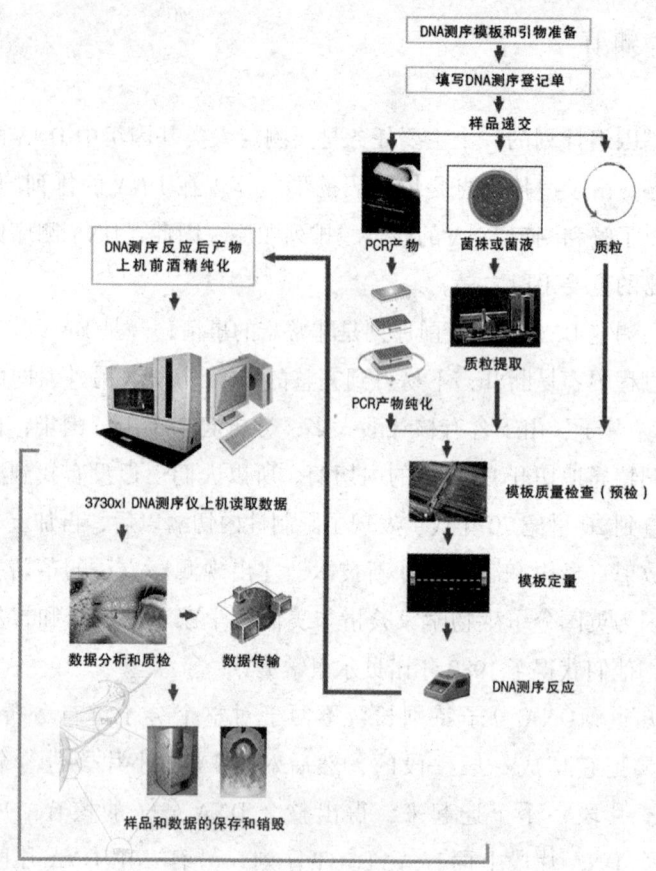

DNA 测序流程图

测序反应实际上就是一个在 DNA 聚合酶作用下的 DNA 复制过程。具体方法是：以一条待测序的 DNA 单链为模板，在一个测序引物的牵引下，通过 DNA 聚合酶的作用，利用 DNA 的合成原料——4 种脱氧核糖核苷酸，即 dATP（简写为 I）、dGTP（简写为 G）、dCTP（简写为 C）、dlvrP（简写为 T），使新合成的链不断延伸。但是，如果在合成原料中加入一些用 4 种不同荧光化合物（可发出红、绿、蓝、黑 4 种荧光）分别标记 4 种双脱氧核糖核苷酸（即 ddFP、ddATP、ddCTP、ddGTP）。它们可以"鱼目混珠"地参与 DNA 链的合成，可是它们是缺少"零件"的"废物"，不能发挥正常核苷酸的作用，因此，当它们被结合到链上以后，它的后面便不能再结合其他核苷酸，链的延伸反应就此停止了。

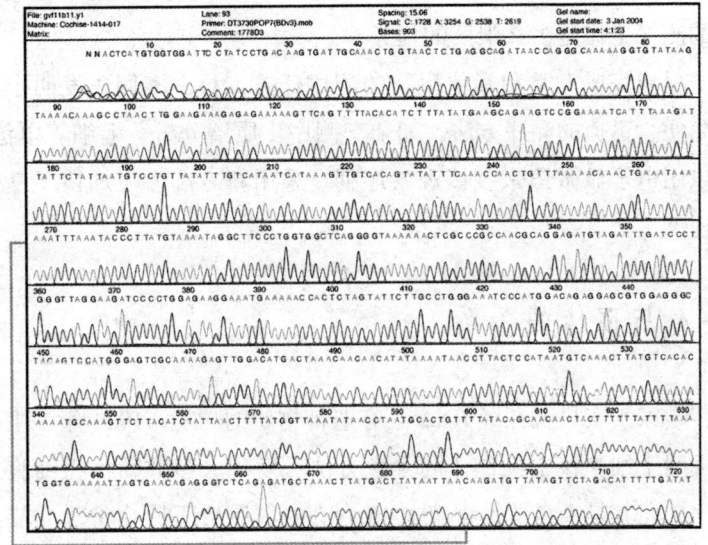

DAN 测序图谱

这就像小孩儿们玩"手拉手"的游戏，有个别的孩子一只手残废了，因此只能用一只手与前面的孩子手拉手，另一只手不能与后面的孩子手拉手，于是许多孩子手拉手组成的长队伍就中断了。这样，在 DNA 合成反应中，最终便会随机产生许多大小不等的末端是双脱氧核苷酸的 DNA 片段，这些片段之间大小相差一个碱基。然后，通过聚丙烯酰胺凝胶电泳，将相差一个碱基的各种大小不等的 DNA 片段分离开来，再根据电泳条带的不同荧光反应，就可以在凝胶上直接地读出这些有差异的代表其末端终止位置处碱基种类的片段，如红色荧光代表 T、蓝色荧光代表 C、黑色荧光代表 G、绿色荧光代表 A，这样一系列的连续片段就代表了整个模板 DNA 的全部序列。这种方法已利用现代精密仪器和机器人技术实现了 DNA 测序的高度自动化。

目前，以凝胶分离为基础的测序技术，一次可以读出 500~700 个碱基序列。为了保证测出的序列具有高度的准确性，科学家们一般在 DNA 区域要反复测定 10 次左右。这样最终得到的序列错误率只有万分之一，即每一

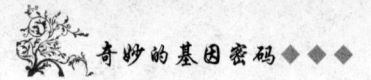

万个碱基只允许有一个碱基读错。人类基因组 30 亿个碱基对需要反复测定 10 次,这就意味着测序的实际工作量是 300 亿个碱基对。可见,完成人类基因组的测序工作是多么艰巨的任务。

为了尽快完成人类和其他生物的测序任务,科学家们还发明了其他一些更为简便、迅速的测序方法,如杂交测序、质谱分析、毛细管电泳测序,甚至可以用电子显微镜来直接观察序列。采用新方法大大加快了基因序列的测序速度。

DNA 与遗传的关系

遗传学家其实早就怀疑 DNA 具有遗传物质的功能。1924 年,生物学家弗尔根发明了细胞核中染色体的染色方法,发现大多数动植物细胞几乎所有的核里,尤其是染色体上都有 DNA 存在。以后又证明了 DNA 是染色体的主要组成部分。当时基因已经被证明在染色体上,并且获得了遗传学界比较广泛的承认。这些都是非常有力的证据。

1948 年,生物学家万德尔、米尔斯基和赖斯等相继发现,在同一种生物体的不同组织的细胞里,每个单体染色体组的 DNA 的含量是个常量,并且发现 DNA 有倍数变化。例如,他们查明在黄牛的肝细胞里 DNA 的含量是 6.8×10^{-9} 毫克,而它的精子细胞里的 DNA 含量只有 3.4×10^{-9} 毫克,恰好是体细胞的 DNA 含量的 1/2,这同染色体在细胞里的存在形式是完全一致的。

这无疑是 DNA 作为遗传物质的重要证据。

随着细胞学染色技术的发展和核酸酶的运用,人类弄清了两种核酸在细胞中的分布。瑞典细胞化学家卡斯佩尔森用脱氧核糖核酸酶分解 DNA 的方法,证明 DNA 只存在于细胞核中,RNA 主要分布在细胞质里,但核仁里也有 RNA。1948 年,又有人发现染色体中有少量 RNA,细胞质中也有 DNA。20 世纪 40 年代把染色体从生物细胞中分离出来,直接分析其化学成分,确定 DNA 是构成染色体的重要物质。还发现同种生物的不同细胞中 DNA 的质和量是恒定的,并且在性细胞中,DNA

的含量正好是体细胞中含量的 1/2。用紫外线进行引变处理，在波长 2600 埃处效果最大，因为这个波长正是 DNA 的吸收峰。这些都成为 DNA 是遗传物质的间接证据。

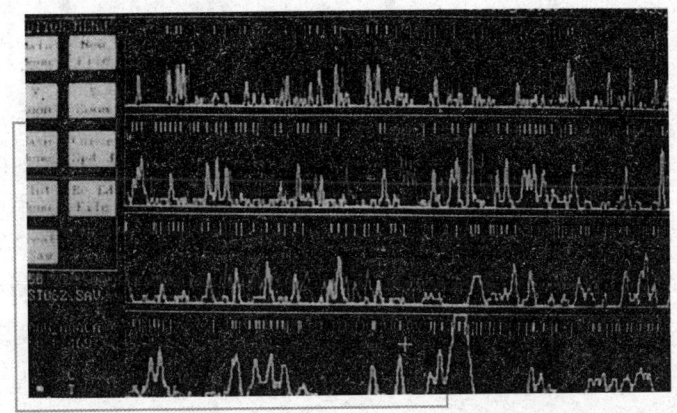

DNA 定序仪能够检测 A、G、C、T 4 种碱基

证实 DNA 是遗传物质的试验整整进行了 16 年，并经过几位科学家的不断重复和验证。这是遗传学史上最长的一个"马拉松"试验。1928 年，英国的科学家格里菲思做了转化实验。格里菲思采用的试验材料是肺炎双球菌，这是一种引起人类肺炎的病菌，它也可以使小家鼠发病。如果把感染了肺炎双球菌的病人的痰注射到小家鼠体内，24 小时内家鼠就会死亡。用显微镜检查死鼠的心脏，可以观察到大量的肺炎双球菌。这种病原菌体呈成对球状。仔细看，它外面包裹着一层很厚的透明的"衣服"，这叫荚膜，细菌就靠这层荚膜抵挡被感染动物的细胞对它的抵抗，所以这些荚膜几乎成为肺炎双球菌毒性的象征了。

当人工培养肺炎双球菌时，它能在培养基上形成菌落（即克隆）。由于菌落周围比较光滑，因而人们把这种类型的菌叫做光滑型，记为 S 型。培养 S 型肺炎双球菌可以得到一种新的无毒性突变型 R 型肺炎双球菌，它之所以无毒就是因为它没有荚膜，因而这种 R 型肺炎双球菌不能抵抗生物体细胞对它的抵抗。所以将这种 R 型肺炎双球菌注射到小家鼠身体中，按理小家鼠应该健康无恙。

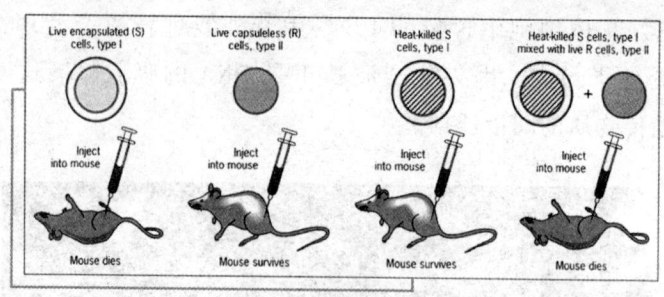

肺炎双球菌转化实验

可是格里菲思却发现了例外情况：他将一个正常的能致病的 S 型肺炎双球菌的样品加热杀死，然后与一个不致病的 R 型肺炎双球菌样品混合，注射至小家鼠体内。结果他惊奇地发现小家鼠死了。他把这些莫名其妙死亡的家鼠的心脏中所存在的细菌加以分离和检查，发现它们竟然都是 S 型肺炎双球菌。怎么 S 型肺炎双球菌"死而复活"了？而在此之前，格里菲思用 R 型肺炎双球菌样品和加热处理的 S 型肺炎双球菌样品分别注射的 2 组小家鼠都没有死，这说明加热处理的 S 型肺炎双球菌确确实实已经被杀死了。

格里菲思一遍又一遍地重复上述试验，结果却是家鼠一批一批地死亡。最后，他只能下结论：家鼠之所以成批地"死亡"，实验中的 S 型细菌之所以会"死里逃生"，是由于加热杀死的 S 型肺炎双球菌使那些无毒的活着的 R 型肺炎双球菌转化为 S 型肺炎双球菌了。

这说明了一个什么问题呢？这说明在被加热杀死的 S 型肺炎双球菌中存在一种物质，这种物质很明显是一种遗传物质，它可以将 R 型的无毒的肺炎双球菌转化为有毒的 S 型肺炎双球菌。而这个实验的结果太出乎人们意料了，所以成为遗传学家们注意的焦点。于是许多生物学家前赴后继，继续重复格里菲思的试验。

1931 年后，人们证实，造成小家鼠死亡确实是由于 S 型肺炎双球菌"死而复活"，因为只要把活的 R 型肺炎双球菌及加热杀死的 S 型肺炎双球菌混合，放在三角瓶里振荡培养，无毒的 R 型肺炎双球菌也可以变成有毒的 S 型肺炎双球菌。又过了两年，生物学家又证实：把 S 型肺炎双球菌的细胞弄破，用由此而获得的提取液加到生长着的 S 型肺炎双球菌里，也能产生这种 R→S 的转化作用。

1944 年，艾弗里等 3 位科学家才阐明了转化因子的化学本质。

从格里菲思的试验中我们知道，在被加热杀死的 S 型肺炎双球菌中一定有一种物质使 R 型肺炎双球菌转化为 S 型肺炎双球菌，所以艾弗里认为，问题的关键是要把这种物质找出来，于是他们就对被加热杀死的 S 型肺炎双球菌的提取液的所有成分进行了彻底清查。他们用一系列化学和酶催化的方法把各种蛋白质、类脂和多糖从提取液中除去，发现这并不会十分严重地降低 S 型肺炎双球菌的转化能力。这样一来，对转化因子的包围圈就大大缩小了。最后在对提取液进行一系列纯化后，3 人得出结论：转化因子是脱氧核糖核酸（DNA）。

艾弗里是怎样得出这个结论的呢？第一，只要把 S 型肺炎双球菌提取液的纯化的 DNA，用只有致死剂量的六亿分之一的剂量加到 R 型肺炎双球菌的培养物中，就有产生 R→S 转化的能力；第二，这种"超效"转化因子对专门水解 DNA 的酶非常敏感，一碰上这种酶其转化功能就立即丧失殆尽；第三，R 型肺炎双球菌被转化成 S 型肺炎双球菌后，按照和 S 型肺炎双球菌一样的方法抽提它的 DNA，仍然具有使 R→S 的转化能力；第四，不论是初次转化或是再次转化所产生的 S 型肺炎双球菌，它所具有的荚膜与 S 型肺炎双球菌的荚膜相比，两者的生物化学特性完全一样。

这个结论对于生物学来说，具有什么重大意义呢？3 人得到了如下结论：S 型肺炎双球菌 DNA 使 S 型肺炎双球菌永久地具有了产生荚膜的特性，并且这些 DNA 还能在 R 型肺炎双球菌中复制，成为再次转化的根源。也就是说，只有 DNA 才是遗传信息的载体。

DNA 指纹探秘

提起指纹，我们并不陌生。每一个人在手指上和掌心中都有指纹和掌纹。指纹显示着每个人的特征，世界上没有两个人的指纹完全相同，甚至双胞胎也不例外。所以，指纹作为一个人的特征，使它成为身份的证明，广泛用于代替文件签章，成了真正的"防伪标志"。据说，我国从唐代开始就以指纹用于鉴别人的标志，以后广泛应用于借据、契约、婚约、休书等文书，以"画押"的形式作为个人的凭证。甚至在审判案件时，也要犯人在口供上按手印。

DNA指纹，也叫基因指纹，和手指的指纹一样，它也是一个人的"身份证"。因为除了同卵双胞胎，世界上几乎不存在两个人的DNA完全相同，每个人都有一部自己独一无二的"天书"。因此，DNA指纹图谱，也就是DNA序列图谱可以作为鉴别不同人的科学依据。如今在科技和社会领域里，DNA指纹鉴定可用于亲子鉴定、犯罪认定、疾病检查、遗传病诊断、血液配型以及人类学研究等诸多范围。

DNA指纹鉴定

当然，由于DNA序列比较长，在实际应用中，不可能也没有必要把全部序列都测出来。科学家们运用现代生物技术，创造了好几种可靠而又简便易行的DNA指纹法，如小卫星法、随机扩增多态法、微卫星法和DNA测序法等，人们可针对不同的需要采用不同的方法来实施。

在法医鉴定中，指纹鉴定一直是探案破案的一个有力手段，但有些场合犯罪分子可能未留下任何指纹，或有些物品上的指纹难以取样，而且一些犯罪老手往往在作案时小心避免留下指纹，这些都使利用指纹鉴定判案、断案显得无能为力。DNA指纹鉴定则不但能够克服这些困难，而且还具有其他许多优越性。

由于人体每一个细胞都携带了这个人的全部遗传信息，只要案发现场留下犯罪嫌疑人的血迹、精斑、毛发和其他人体组织，都可以用DNA指纹法进行分析鉴定，直接认定或否定犯罪嫌疑人。美国有一部电影《逃亡者》，讲的是一个医生被认为谋杀了怀孕妻子的故事。这是一个真实的故事。真正的主人公曾于1954年蒙冤坐牢,10年后才被证明无罪而释放,这起事件轰动了美国。医生的儿子当时只有7岁,那天正在熟睡。后来这个儿子发誓找出真凶。后来,在案发现场取到了一点血样。经过法医用DNA指纹进行鉴定,这点血样不是医生和他的妻子的,这说明,当时一定还有另一个人在场,而且血样与精子中的DNA相配,这个人很可能是真正的凶手。警察展开了广泛的DNA检查,发现它与在医生家洗窗户的男子的DNA相吻合,真正的凶手终于落网了。

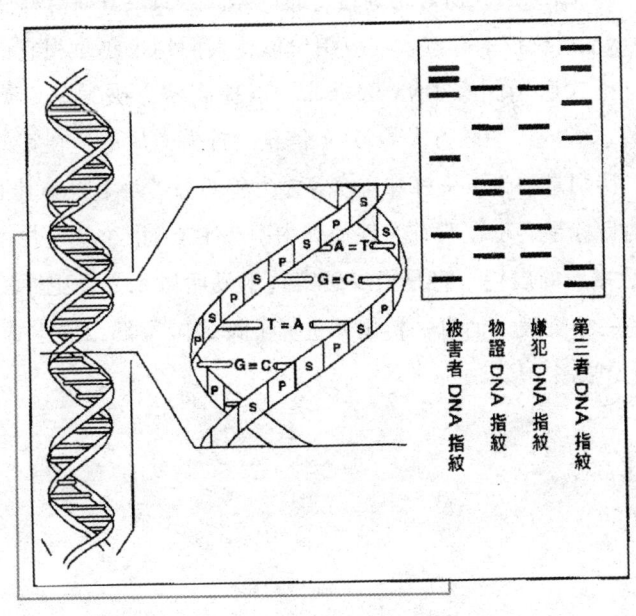

DNA 指纹破案

法医DNA,不仅能奇迹般地侦破案件,还能帮人解决一些不可想象的难题。

在阿根廷内战期间,许多孩子失去了父母。战争结束后,政府希望把这些孤儿交付他们的亲戚,让他们回到亲人的怀抱里。可是,怎么使这些孩子让没见过面的亲戚们相信孩子是自己的侄儿或外孙呢?政府一筹莫展。这时,一位著名的女科学家提议采取用DNA指纹鉴定。她从每个孩子的血液中提取线粒体DNA,再与可能是他们的亲戚的DNA相比较。用这种方

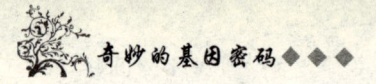

法,这位科学家至少帮助50多个孩子找到了亲人。

1996年8月16日,俄罗斯的一架图154客机在挪威境内坠落,机上77名乌克兰人与64名俄罗斯人遇难。遇难后的尸体已经支离破碎,混杂在一起,很难辨认是哪个人的尸体。怎么把这些死者的尸体重新组合起来呢?挪威的科学家们采用了DNA指纹鉴定技术。在20天内,他们从257块尸体段片中,鉴定了141名遇难者中139人的DNA,只有两人的DNA分析没有得出理想的结果。通过对亲属子女的DNA比较,他们准确鉴定了43名女性和98名男性,22天后,所有正确组装的尸体被运回俄罗斯与乌克兰。

由于DNA指纹技术有重大的应用价值,人们越来越重视它的作用。英国宣布:将正式启用国家DNA数据库,以提高警方破案率。英国的国家DNA数据库,曾收入500万人的DNA信息。首先,从记录在案的罪犯和一些嫌疑犯,特别是杀人、强奸和盗窃等3类犯罪分子身上采集其DNA样本。英国警方的目标是逐步在所有案件侦破中引入DNA指纹鉴定技术。他们认为,DNA数据库的启用,将是指纹破案技术发明以来,反犯罪工作领域最激动人心的一项突破。消息一传出,世界上许多国家都相继建立了DNA数据库。其中包括中国。

基因与生命遗传

遗传的分离定律

奥地利生物学家孟德尔从1857年起就开始在他任职的修道院后面的空地上，以豌豆作材料进行了许多杂交试验，经过8年的努力工作，他从他的实验结果分析中发现了分离定律和自由组合定律。

我们知道，豌豆是一种很容易栽培、生长期又短的严格自花授粉的植物。豌豆有许多不同的品种。在这些品种中，有高茎的和矮茎的，有开红

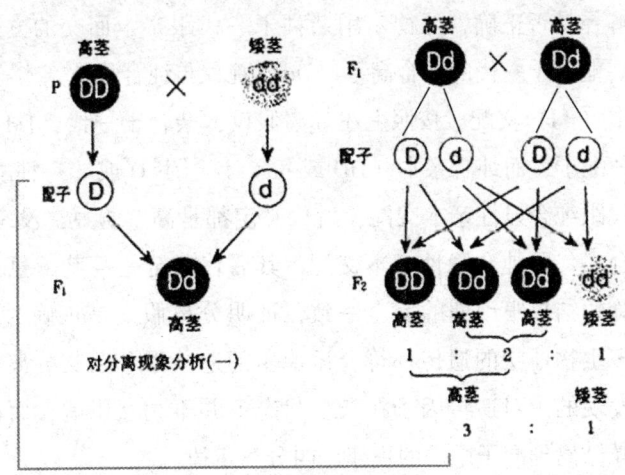

分离定律示意图

花的,也有开白花的,种子有黄的和绿的,种皮有圆滑的和皱缩的,等等。孟德尔首先选择具有一对相对性状的豌豆进行杂交试验。例如他把纯的高茎豌豆和纯的矮茎豌豆作为亲本进行杂交,得到的杂种一代(F1)全部是高茎的,只表现一个亲本的性状。通常把这个在F1中表现出来的性状,叫做显性性状,没有表现出来的性状,叫做隐性性状。当用F1自交时,得到的杂种二代(F2)就不是只有高茎的性状,而是高茎和矮茎的性状都得到表现,不过矮茎的数目要少一些,高茎和矮茎的比例是3:1。

为什么会出现这种现象?孟德尔作了科学的分析,他认为F2不同类型的数目,是由于两种花粉细胞,对两种卵细胞随机受精的结果,从而推断出生物的性状是由某种遗传因子所控制的。比如说,豌豆的高茎和矮茎分别是由一对遗传因子决定的,高茎的遗传因子用DD表示,矮茎的用dd表示。在F1中表现出来的叫显性因子(如DD),没有表现出来的叫隐性因子。因此,当用F1自交时必然会发生分离纯合子表现为显性性状或隐性性状,而杂合子则均表现为显性状,所以得到显性和隐性的三比一的比例。例如,含有D和d的杂种一代在产生配子时,D和d的数目是相等的,而各种不同的配子在结合时又有着同等的机会,所以在F2中表现为DD(1):Dd(2):dd(1)或高:矮=3:1的规律。

这种解释是否正确,孟德尔用杂种子一代跟亲本回交的方法作了进一步的验证。他让子一代的杂合高茎(Dd)豌豆与纯合显性亲本(DD)或纯合隐性亲本(dd)交配。按照上述分离假设,杂合子一代(Dd)必定产生D和d两种配子,而纯合亲本(DD或dd)只产生D或d一种配子。因此,让杂合一代跟纯合显性亲本交配,后代必定都是高茎豌豆,没有矮茎豌豆;如果让杂合一代跟纯合隐性亲本交配,其后代必定是高茎豌豆和矮茎豌豆各半。实验的结果跟预期的完全一致,证明分离假设是正确的。后来,人们发现很多生物性状的遗传都符合孟德尔的遗传因子杂交分离假设,因此就把孟尔发现的一对遗传因子在杂合状态下并不相互影响,而在配子形成时又按原样分离到配子中去的规律,叫分离定律。

分离定律告诉我们:第一,个体上的种种性状是由基因决定的;第二,基因在体细胞中成双存在,在生殖细胞中则是成单的;第三,基因由于强弱不同，有显性和隐性现象，F2 显性和隐性的比率是 3∶1；第四，遗传性状和遗传基础是有联系又有区别的，遗传性状指的是个体所有可见性状的总和。遗传学上叫做表现型，而遗传基础则是指个体所有的遗传内容的总和，遗传学上叫做基因型。不同的基因型有不同的表现型，也可以有相同的表现型。例如：DD 的表现为高茎，dd 的表现为矮茎；而 DD 和 Dd 则均表现为高茎。DD 和 Dd 虽然表现型是相同的，但它们的基因型是不同的。因此，它们在性状遗传上是有差别的。DD 的后代总是高茎，而 Dd 的后代则有分离。

分离定律对于我们掌握育种工作的主动权是很有帮助的。比方说，根据分离定律，F1 往往表现一致，从 F2 开始会有连续几代的性状分离。因此，在动植物的杂交育种工作中，我们应从 F2 就要进行选择；同时，采取连续自交的方法，继续繁殖并观察后代的表现，以鉴定所选择的类型在遗传上是否稳定。

此外，分离定律还能帮助我们弄明白近亲繁殖不好的道理。分离定律告诉我们，儿女的基因一半来自父方，一半来自母方，因此父母的亲生儿女之间有 1/2 的基因是相同的，依此类推，同胞兄妹之间有 1/4 的基因是相同的……就是说，近亲在遗传学上来说，意味着他们有很多基因是相同的。因为这个缘故，近亲结婚致病基因结合的机会比非近亲结婚大得多，从而使隐性遗传病的发生率增高。据估计，正常人身上每人都带有五六种隐性病基因，由于是杂合的，被等位的正常显性基因所掩盖，并不表现病态。在群体中，你带有这五六种隐性致病基因，他带有五六种隐性致病基因，不容易造成同一种隐性致病基因相遇（纯合）。在近亲之间，由于有许多基因是相同的，这就容易导致后代出现隐性遗传病患者。所以，我国的婚姻法规定"三代以内的旁系血亲"禁止结婚。

遗传的自由组合定律

分离定律所解释的是一对相对性状在生物遗传过程中的作用和表现。那么 2 对相对性状在生物遗传过程中又是如何作用的呢？它们之间会不会相

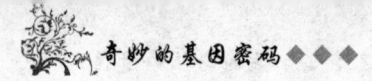

互干扰？生物杂交后这两对性状是如何表现的？如果有3对性状或更多的呢？这就是遗传学第二定律要解决的问题，这个定律又被称为自由组合定律或者孟德尔第二定律。

1对相对性状的遗传符合分离定律，那么孟德尔紧接着就想到，2对或更多对相对性状的杂交是否也可以用分离定律来解释呢？

于是孟德尔做了一些试验来验证他的这个想法。他选择了这样2个豌豆亲本进行杂交：

一个是双显性亲本：种子是圆粒的，黄色的；一个是双隐性亲本：种子是皱粒的，绿色的。

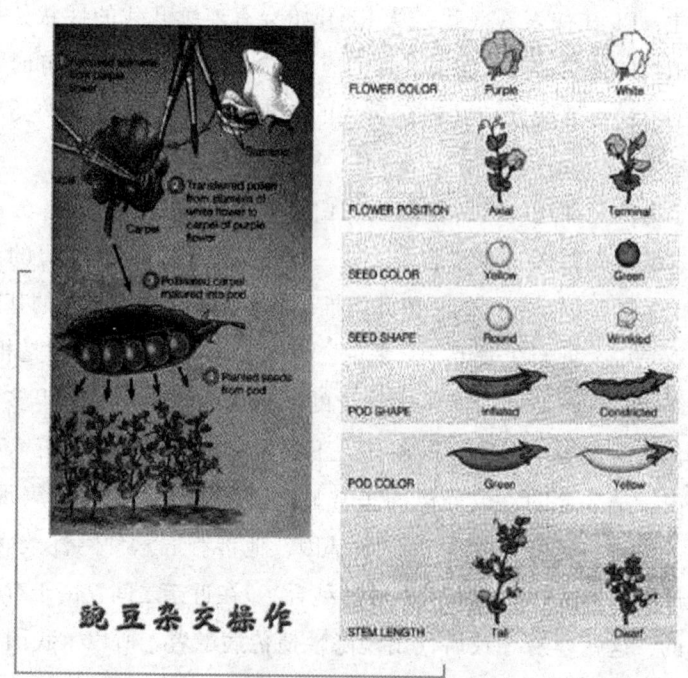

孟德尔豌豆杂交验证自由组合定律

其中豌豆种子圆粒（用大写字母R来表示）相对于皱粒（用小写字母r来表示）来说为显性，豌豆种子黄色（用大写字母Y来表示）相对于绿色（用小写字母y来表示）来说是显性。

孟德尔用黄色、圆粒种子的豌豆，与绿色、皱粒种子的豌豆杂交，得到子一代 F1 种子，F1 种子都是黄色、圆粒的，把 F1 种子种下去长成植株、再进行自交，所得到的 F2 种子出现了 4 种类型，其中 2 种类型与亲本相同，2 种为双亲性状重组的新类型，这 4 种类型表现出一定的比例。其比例为 9（黄圆）:3（绿圆）:3（黄皱）:1（绿皱）。具体过程如下：

亲本 P：黄色圆粒 P（YYRR）×绿色皱粒 P（yyrr）

子一代 F1：黄色圆粒 F1（YYRR）×黄色圆粒 F1（YyRr）

子二代 F2：黄色圆粒 F2 绿色圆粒 F2 黄色皱粒 F2 绿色皱粒 F2

比例：9:3:3:1

一方面，从一对性状中所得到的分离定律，在这里仍然得到了验证。因为，分别就一对性状来说，圆粒:皱粒 =（9+3）:（3+1）= 12:4 = 3:1；黄色:绿色 =（9+3）:（3+1）= 12:4 = 3:1。每一对相对性状的分离比例都为 3:1，说明在杂交后代中，各相对性状的分离是独立的、互不干扰的。也就是说，种子颜色的分离和种子形状的分离彼此互不影响。

但另一方面，这里子二代 F2 出现了圆粒黄色、圆粒绿色、皱粒黄色、皱粒绿色四种子代，并且还有一个 9:3:3:1 的比例。

孟德尔设想：豌豆的种子，黄色与绿色这一对相对性状是由一对遗传因子 Y 和 y 控制的；豌豆的粒形，圆粒与皱粒这一对相对性状是由另一对遗传因子 R 的 r 控制的。如果一个亲本是黄色圆粒豌豆（YYRR），按照分离定律它只能产生一种配子 YR，另外一个亲本是绿色皱粒豌豆（yyrr），也只能产生一种配子 yr。两个亲本杂交，受精时雌雄配子结合，其子一代 F1 种子的基因型为 YyRr，表现为黄色圆粒。

F1 植株在产生配子时，成对的遗传因子彼此分离，各自独立地分配到配子中去，从而使得同对的遗传因子彼此分离，不同对的遗传因子自由组合，这个组合细化就是：

1. Y 可以跟 R 在一起形成 YR；
2. Y 也可以跟 r 在一起形成 Yr；
3. y 可以跟 R 在一起形成 yR；
4. y 也可以跟 r 在一起形成 yr。

因此产生四种配子 YR、Yr、yR、yr，这 4 种配子的比例是相等的。

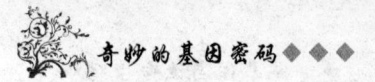

雌雄配子结合在一起就会产生16种随机组合,产生的F2种子有9种基因型,4种表现型,其中黄圆占9/16,黄皱占3/16,绿圆占3/16,绿皱占1/16,从而表现为9:3:3:1的比例。

由于存在着显性,不管基因型是YYRR,还是YyRr,只要有Y和R,都只表现圆形黄粒的特性。所以,就获得了特有的9:3:3:1比例。9黄色圆粒(1YYRR+2YYRr+2YyRR+4YyRr);3黄色皱粒(1YYrr+2Yyrr);3绿色圆粒(1yyRR+2yyRr);1绿色皱粒(1yyrr)。

如果按照处理分离定律的数学思路,可以得出另外一个有趣的数学式子,联系到这9:3:3:1的比例,正是两对相对性状的比例3:1的平方,即两个3:1(一个是种子黄色和绿色的子二代F_2的分离比例的3:1,另外一个是种子圆粒和皱粒的子二代F_2的分离比例3:1)的乘积:

用绿色、圆粒与黄色、皱粒种子的植株杂交,也能获得上述同样的性状分离和性状的自由组合现象。

为了验证上述解释是否符合科学事实,孟德尔仍然采用了测交的验证方法,即把子一代F_1与隐性亲本杂交,也就是说让子一代F_1(YyRr)与双隐性亲本(yyrr)杂交。如果上述推理过程是正确的,当Fl形成配子时,不论雌配子或雄配子,都产生4种类型的配子,YR、Yr、yR、yr,且呈现1:1:1:1的比例,而双隐性亲本只形成一种配子yr。因此,测交所获得的后代的表现型和比例,能够反映F1所产生配子的类型及其比例。结果应该如何呢?不难得出结论:其比例应该为YyRr:Yyrr:yyRr:yyrr=1:1:1:1。

孟德尔检验的实际结果和他的理论推断是完全一致的、测交后代4种类型呈1:1:1:1的比例。

以上就是自由组合定律,它又称为孟德尔第二定律,或者是遗传学第二定律。自由组合定律的实质就是在杂种形成配子的过程中,不同对的遗传因子进行自由组合。如果两对相对性状的遗传符合自由组合规律,那么3对呢?四对或者更多对的性状遗传是否都符合自由组合规律?

回答是肯定的。虽然两对以上性状的遗传规律情况稍微复杂一些,但只要各对性状都是独立遗传的,就仍然受自由组合规律的支配。例如,以黄色种子、圆粒种子、红花豌豆植株(YYRRCC)与绿色种子、皱粒种子、白花植株（yyrrcc）杂交，其 F_1 全部为黄色圆粒种子、红花（YyRrCc）。F2 产生 8 种配子 YRC、YRc、YrC、yRC、Yrc、yRc、yrC、yrc。各种配子的比例是相等的，这样，雌配子和雄配子随机结合，F_2 的组合就会出现 27 种基因型、8 种表现型，各表现型的比例为 27：9：9：9：3：3：3：1。对于每对相对性状来说，都符合 3：1，而 3 对性状就符合 $(3：1)_3$。

自由组合规律广泛存在于生物界。就以可爱的小动物豚鼠来说，它的毛包括三对性状：短毛或者长毛，卷毛或者直毛，黑毛或者白毛。其中短毛、卷毛、黑毛相对于长毛、直毛、白毛各为显性，这三对相对性状都是独立遗传的。

如果我们对每对相对性状分别做杂交遗传实验，子二代 F2 都各表现 3：1 的比例。每两对相对性状作为遗传性状做遗传实验，其子二代 F2 都表现 9：3：3：1 的比例。将三对性状做遗传试验，在子二代 F2 表现 27：9：9：9：3：3：3：1 的比例。有人用短毛、直毛、黑毛豚鼠与长毛、卷毛、白毛豚鼠杂交，F1 为短毛、卷毛、黑毛豚鼠，F2 的类型及表现比例为 27 短卷黑：9 短直黑：9 长卷黑：9 短卷白：3 长卷白：3 长直黑：3 短直白：1 长直白。

遗传的连锁与互换规律

遗传的连锁与互换规律是 1906 年贝特森等在杂交实验中首先发现连锁遗传的现象后不久，摩尔根等在果蝇的遗传研究中证实和确定下来的。

贝特森和潘乃特在 1906 年用香豌豆的两对性状作杂交实验。这 2 对相对性状是：紫花（P）与红花（p），紫花为显性；长花粉粒（L）与圆花粉粒（l），长花粉粒为显性。

先用这样 2 个亲本进行杂交，一个亲本是紫花、长花粉粒。另一个亲本是红花、圆花粉粒。

从实验结果看，虽然 F2 也出现 4 种类型，但表现的比例与自由组合时 9：3：3：1 的比例相关悬殊，2 个亲本组合（紫、长和红、圆）的实际个体数大于理论数值，而重新组合（紫、圆和红、长）的实际个体数又比理论数值少得多。这一结果不符合自由组合规律。

于是，他们又调换了性状，改用这样2个亲本进行了杂交，即用紫花、圆花粉粒的个体与红花、长花粉粒的个体杂交。

从实验结果看，和第一个实验基本相同，也是与自由组合9∶3∶3∶1的比例不符。仍然是2个亲本组合（紫、圆和红、长）的实际个体数大于理论数值，而2个重新组合（紫、长和红、圆）的实际个体数大于理论数值，而2个重新组合（紫、长和红、圆）的实际个体数又少于理论数值。这也不符合自由组合规律。

上面这2个实验结果，有一个共同特点，就是亲本所具有的2个性状，在F_2中常常连系在一起而遗传，以后便把这种现象叫做连锁遗传。

贝特森发现的这种遗传现象，可以说是连锁遗传规律的序曲，1909年摩尔根用果蝇作实验，首次发现了性连锁遗传规律。他根据白眼的性连锁遗传，第一次把基因安插在一个固定的染色体上，继而又揭示了基因的连锁与互换规律并确定了基因在染色体上作直线排列，在孟德尔揭示的分离规律和自由组合规律等基础上创立了基因学说，使遗传学形成了一套完整的经典的理论体系。

摩尔根发现了果蝇的白眼性连锁遗传（伴性遗传），第一次把控制白眼的基因定在果蝇的一个固定的染色体（X染色体）上。以后，又继续用具有其他性状的果蝇，如黄色身体（黄身，正常果蝇的身体为灰色）、粗翅脉等性状，分别与白眼果蝇杂交，发现都表现连锁遗传，但这些基因之间的互换率不同，从而又第一次用具体的实验数据证明了：凡是处在同一个染色体上的基因都表现连锁遗传，但各基因之间的互换率不同。这有力地说明了基因在染色体上各有其自己的固定位置，直线（线状）排列在染色体上。

现在用果蝇的杂交实验为例来说明。果蝇的灰身（B）对黑身（b）是显性，长翅（V）对残翅（v）是显性。这两对相对性状，是由处在同一对同源染色体上的两对等位基因控制的。如果让灰身、长翅果蝇与黑身、残翅果蝇杂交，其F1都是灰身、长翅果蝇。

如果让F_1灰身、长翅雄果蝇与双隐性亲本黑身、残翅进行回交，回交

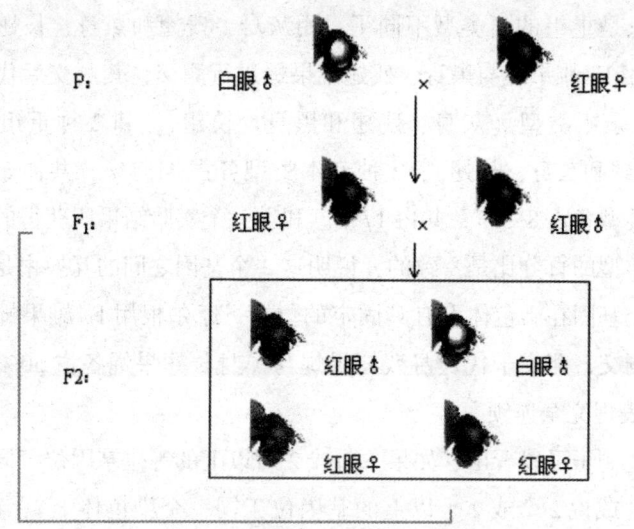

果蝇白眼性状的遗传

子代只有两种和亲本一样的类型,即灰身、长翅和黑身、残翅,各占50%,比例为1:1。这与自由组合时,回交子代产生四种类型成1:1:1:1的比例完全不同。

如果让F_1灰身、长翅雌果蝇与双隐性亲本黑身、残翅进行回交,回交子代出现四种类型的果蝇:两种亲本类型(灰身、长翅和黑身、残翅各占41.5%,共占83%,两种重组的新类型(灰身、残翅和黑身、长翅各占8.5%,共占17%。这也和自由组合时1:1:1:1的比例完全不同。

为什么会出现这样的结果呢?由于这两对等位基因处在一对同源染色体上,B和v在一条染色体上,b和v在另一条染色体上,它们常连系在一起遗传,染色体到了哪里,它们也随之而到了哪里。F_1雄果蝇和F_1雌果蝇分别与双隐性亲本回交,所得结果不同,是由于F_1雄果蝇没有互换,所以只出现2种类型;F_1雌果蝇有互换,就是在一部分染色体上的基因之间发生了相互交换,形成了2种新配子,所以回交后代出现了4种类型。又由于这2个基因互换的比率不大,所以2种重组的新类型比2个亲本类型果蝇的数目少得多。

摩尔根等还用灰身、残翅果蝇与黑身、长翅果蝇杂交,也获得了类似的结果，只是重组的新类型不同了。用灰身、残翅和黑身、长翅杂交，获得F_1，再用F_1雌果蝇与黑身、残翅雄果蝇进行测交，其测交后代也有4种类型，2种亲本类型（灰身、残翅和黑身、长翅），和2种重组的新类型（黑身、残翅和灰身、长翅），2种亲本类型各占41.5%，共占83%，2种重组的新类型各占8.5%，共占17%。和上一个实验结果所获得的亲本类型和重组新类型的百分比是一致的，说明这2个基因之间的互换率是比较稳定的，这2个基因在染色体上有其固定的位置。摩尔根用F_1雄果蝇与黑身残翅雌果蝇测交，测交子代灰身残翅果蝇与黑身长翅果蝇各占50%，也证明F_1雄果蝇表现完全连锁。

由这些例子可以看出，如果2对或2对以上的等位基因位于同一对同源染色体上（或说2个或2个以上的基因位于同一个染色体上），在遗传时，染色体上的基因常连在一起不相分离，这就是基因连锁遗传。连锁有完全连锁和不完全连锁，出现互换（交换）就是不完全连锁的表现。

基因是怎样控制遗传的

1902年，英国医生加罗特第一次引导人们注意基因和酶的关系。他是从临床医学实践，把这种观念引进生物学中来的。那时候已经知道有一种白化病，它的病因是由遗传因素引起的。加罗特把正常人和白化病人的生物化学过程作了比较，发现白化病是由于缺少一种酶而引起的。由于缺少这种酶，所以病人不能把酪氨酸转变成黑色素。而正常人体内是有这种酶存在的，它能催化酪氨酸转变成黑色素的生物化学反应。由此看来发生在有机体里的这样一种生物化学过程，是受支配这个酶合成的基因控制的。

1923年，加罗特在黑尿酸病患者中也发现有类似的情况。在正常个体中，有一个基因是负责尿里的一种酶的合成，这种酶能加速一种正常代谢产物黑尿酸的分解。而在黑尿酸病患者中，等位基因的纯合子却造成了这种酶的缺失，于是黑尿酸就不再分解成二氧化碳和水，而是被排泄到尿里。黑尿酸是一种接触空气以后就变黑的物质，因此病人的尿布或者尿长期放置以后，就会变成黑色。根据白化病和黑尿病这些遗传病代谢异常的资料，加罗特引入了"先天性代谢差错"的概念。他认为，这些患者的异常的生化反应，是"先天性代谢差错"的结果，这种差错和酶有关，并且是完全符合孟德尔定律而随基因遗传的。这样，加罗特的工作初步确认了基因和酶的合成有关的观念。

$$单基因遗传病\begin{cases}常染色体遗传病\begin{cases}显性遗传病——并指、多指\\隐性遗传病——白化病、先天性聋哑\end{cases}\\伴性遗传病\begin{cases}X连锁显性遗传病——抗维生素D佝偻病\\X连锁隐性遗传病——红绿色盲、血友病、先天性白内障\end{cases}\end{cases}$$

单基因遗传病

从1940年开始，遗传学家比德尔和美国的生物学家塔特姆合作，用红色面包霉做材料进行研究。他们发现它有很多优点，如繁殖快、培养方法简单和有显著的生化效应等，因此研究工作进展顺利，并且取得了巨大的成果。他们用X线照射红色面包霉的分生孢子，使它发生突变。然后把这些孢子放到基本培养基（含有一些无机盐、糖和维生素等）上培养，发现其中有些孢子不能生长。这可能是由于基因的突变，丧失了合成某种生活物质的能力，而这种生活物质又是红色面包霉在正常生长中不可缺少的，所以它就无法生长。如果在基本培养基中补足了这些物质，那么孢子就能继续生长。应用这种办法，比德尔和塔特姆查明了各个基因和各类生活物质合成能力的关系，发现有些基因和氨基酸的合成有关，有些基因和维生素的合成有关，等等。

经过进一步研究，比德尔和塔特姆发现，在红色面包霉的生物合成中，每一阶段都受到一个基因的支配，当这个基因因为突变而停止活动的时候，就会中断这种酶的反应。这说明在生物合成过程中酶的反应是受基因支配的，也就是说，基因和酶的特性是同一序列的。于是他们在1946年提出了"一个基因一个酶"的理论，用来说明基因通过酶控制性状发育的观点，就是一个基因控制一个酶的合成。具体地说，每一个基因都是操纵一个并且只有一个酶的合成，因此控制那个酶所催化的单个化学反应。酶具有催化和控制生物体内化学反应的特殊才能，这样，基因就通过控制酶的合成而控制生物体内的化学反应,并最终控制生物的性状表达。虽然"一个基因一个酶"的理论,既没有探究基因的物理、化学本性,也没有研究基因究竟怎样导向酶的形成,但是它第一次从生物化学的角度来研究遗传问题,注意到基因的生化效应,在探索基因作用机理方面是有很大贡献的。

但生物学家到后来发现问题不是那么简单,基因有时并不控制酶的合成,而是控制蛋白质的空间结构,从而达到控制性状的目的,于是在此基础上,遗传学家和生物化学家又提出了"一个基因一条多肽链"的假说,一个酶是由许多多肽链构成的,这样若干个基因控制若干个多肽链,这些多肽链又构成一个酶,并最终控制生物的性状表达。

近年来,许多实验室对真核细胞基因的分析研究表明:DNA上的密码顺序一般并不是连续的,而是间断的,中间插入了不表达的,甚至产物不是蛋白质的DNA,并相继发现"不连续的结构基因""跳跃基因""重叠基因"等。这些研究成果说明,功能上相关的各个基因,不一定紧密连锁成操纵子的形式,它们不但可以分散在不同染色体或者同一染色体的不同部位上,而且同一个基因还可以分成几个部分。因此,过去的"一个基因一个酶"或者"一个基因一条多肽链"的说法就不够确切和全面了。

实际上,基因控制生物性状的遗传是非常复杂的,有直接作用,有间接作用,还有依靠一种叫做操纵子的东西来控制生物的遗传,甚至还受到环境的影响,等等。

基因的直接作用

如果基因的最后产物是结构蛋白,基因的变异可以直接影响到蛋白质的特性,从而表现出不同的遗传性状,从这个意义上说,基因的变异可以看作是基因对性状表现的直接作用。

基因的间接作用

基因通过控制酶的合成,间接地作用于性状表现,这种情况比上述的第一种情况更为普遍。例如,高茎豌豆和矮茎豌豆,高茎(T)对矮茎(t)是显性。据研究,高茎豌豆含有一种能促进节间细胞伸长的物质——赤霉素，它是一类植物激素，能刺激植物生长。赤霉素的产生需要酶的催化，而高茎豌豆的 T 基因的特定碱基序列，能够通过转录、翻译产生出促使赤霉素形成的酶，这种酶催化赤霉素的形成，赤霉素促进节间细胞生长，于是表现为高茎。而矮茎基因 t，则不能产生这种酶，因而也不能产生赤霉素，节间细胞生长受到限制，表现为矮茎豌豆。这个过程可大体这样表示：基因—酶—赤霉素—细胞正常生长—高茎。

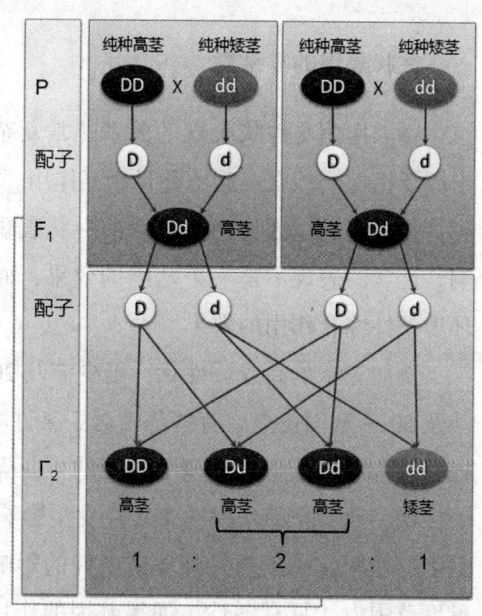

高茎豌豆与矮茎豌豆杂交试验的分析图

又如某些矮生玉米类型，它们之所以矮，是由于矮基因产生了一种氧化酶，破坏了茎顶端细胞所形成的生长素，使细胞延长受到限制，从而表现矮生型。而正常的高品种玉米则没有这种氧化酶，生长素正常发挥作用。这个过程也可这样表示：基因—酶—生长素破坏—细胞延长受限制—矮茎。

操纵子学说

操纵子是由紧密连锁的几个结构基因和操纵基因组成的一个功能单位。其中的结构基因的转录受操纵基因的控制。

所谓结构基因是指决定蛋白质结构的基因，这是一般常说的基因。操纵基因对结构基因的转录有开、关的作用，操纵基因本身不产生什么物质。另外还有调节基因，通过产生一种蛋白质——阻遏调节其他基因的活动，但调节基因不属于操纵子的成员。

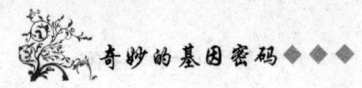

性状表现的复杂性

基因作用与性状表现的关系非常复杂,这种复杂性的存在是由于若干组因子错综交织在一起,并且相互作用。

在最终的基因作用与最后的性状表现之间,有好多发育步骤和综合影响。性状的表现不是一个基因的效果,而是若干个或许多个基因以及内外环境条件综合作用的效果。

例如玉米的高或矮性状,至少涉及20个基因位点,叶绿素的产生至少涉及50个基因位点。有些基因对于某性状的形成可能具有原始作用,而其他一些基因则产生具有调节功能的生长调节物质,还有一些基因间接地影响性状,或者作为基因的多效性发生影响,或者作为一些修饰因子。另外,基因的作用效果还受内外环境条件的影响。酶通常是在某一温度或某一酸碱度范围内才具有活性。如果基因的作用、酶的作用、激素的作用都受环境的影响,那么,可能的性状表现型确实会多种多样。

性格形成源于基因

人的性格是和遗传基因有关的,受遗传基因所限。

世界上的确有一些人喜欢"寻求新奇"。他们的典型性格是,总想从事一种充满惊奇和风险的运动,如高空走钢丝、空中花样跳伞、海上冲浪、滑水等,有的人渴望"跳槽",从一种工作岗位换到另一种工作岗位。他们为什么敢于冒险,追求新奇?形成这样性格的生理机制和过程又是什么?这些问题一直困扰着科学家。

长期以来,人们一直认为人的性格是由自身经历和周围环境决定的,俗语"近朱者赤、近墨者黑"指的就是这个道理。然而,最新的科学证据表明,有些人敢冒险,追求新奇,至少有一部分原因是他们身上的遗传基因与众不同。1996年初,由以色列和美国的科学家组成的研究小组各自单独发表声明:他们已经发现人的第11号染色体上有一种叫D_4DR的遗传基因,对人的性格有不可忽视的影响。这是人类首次把一些人的性格特征与一个具体的基因明确地联系在一起。

早在100多年前，奥地利科学家孟德尔在花圃里做豌豆试验时就已经发现，所有生物的特征和外形都是由一种化学的遗传因子决定的，这种化学的遗传因子就是后来由美国生物学家摩尔根定义的"基因"。在过去遗传学成果辉煌的日子里，人们用基因来解释和治疗遗传疾病，却不能用基因来解释和判定人的性格和气质。如果现在，新发现的基因可决定复杂的性格，那么将来科学家可以通过控制基因来转变人的性格和气质，甚至还会造出具有某种性格的新人来。

另外，这一发现还预示，随着分子生物学的发展，人们最终将能精密地绘出像身高、体重、情感、性格等人体特征的遗传基因图，并能运用生物和医学的手段来控制人的感情，重塑人的性格，改变人的行为。正如纽约大学的尼尔坎教授所说："新发现的基因，促使一种全新遗传学的诞生，即遗传学不仅能够控制疾病，而且可以在特定的范围内解释人的性格和行为，它有着如此巨大的感染力，可让你对人们身上发生的每一件事从单一的生物学的角度来找出原因。"

在1996年初新出版的一期美国《自然遗传学》杂志上，发表了2份研究报告，一份是一群志愿者的问卷式性格调查，另一份是对他们血液进行的基因分析。这2份研究报告分别是由美国国家癌症研究所所长海姆带领的研究小组和以色列赫兹格纪念医院的理查德·艾泼斯坦博士为首的研究小组作出的。他们在研究报告中指出，那些富有冒险精神和容易兴奋的人，其大脑中的D_4DR基因，比起那些较为冷漠和沉默的人来讲，结构更长。在以色列，研究小组对124个志愿者进行了问卷式调查，在美国对315个志愿者进行了问卷式调查。他们对被调查者询问了诸如有时你是否出自兴奋和冲动去干某件事等问题，并得出结论，D_4DR较长的人在追求新奇上要比D_4DR基因较短的人高出一个等级。

《自然遗传学》杂志上对其解释说，人体中的D_4DR含有遗传指令，能够在大脑中构成许多受体。这些受体分布在人的神经元表面，接受一种叫做多巴胺的化学物质。这种物质会持续地激起人们敢于冒险，寻求新奇的欲望。

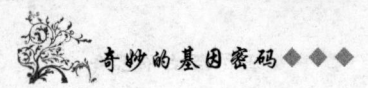

为了验证上述结论，美国麦吉尔大学教授米勒做了这样的实验：他把新出生的幼鼠分开15分钟，继而在一天中对它们施加6小时的外部压力。结果发现，大脑化学物的受体和调节受体的D_4DR基因都发生了变化。他说，那些受到外部压力的幼稚鼠就像具有较多受体的小狗一样成长，并有产生过多压力激素的趋向。正常发育成熟的老鼠在受压时通常是不会产生过多激素的。显然，幼时的心理感受，即生理和遗传的作用的初期决定着动物产生"寻求新奇"的大脑受体的多少。

科学家们还发现D_4DR基因有调节多巴胺的功能。多巴胺在人脑中起到化学信使的作用，可使人产生情感和欢乐。研究报告的作者之一，生物遗传学家丁·本杰明博士描述说："现在已清楚，当一个多巴胺分子向一个细胞游移，并触到细胞壁后，那些基因结构形式较长的人，反映比较大。"这就是说，较大的基因可形成较长的受体，较长的受体不知不觉会引起人脑中多巴胺的感应，从而使人想要蹦跳、冲动，敢于冒险。

我国的俗语说："种瓜得瓜，种豆得豆""江山易改，本性难移"。这是说任何生物能把自己的一些特性遗传给后代。人的性格遗传也是这样。美国和以色列科学家经过多年研究，终于搞清楚，影响人的性格的D_4DR遗传基因有着不同的形式。其中一种比较长，由7个重复的DNA结构序列组成；另一种比较短，只由4个重复的DNA结构序列组成。脑部的D_4DR基因较长的人，在敢于冒险、追求新奇方面的得分较高。这些人容易兴奋、善变、激动，性情争躁，喜欢冒险，比较大方。D_4DR基因较短的人，得分较低。他们比较喜欢思考，忠实、温和，个性拘谨，恬淡寡欲，并注意节俭。

美国和以色列科学家还指出：遗传对人的性格有不可忽视的影响，害羞的小男孩子很可能到了老年仍是个害羞的老爷爷；而胆小怕事的人也很可能一辈子都会提心吊胆地过日子。

不过，遗传对人的性格的影响是有限的。大量试验数据表明，D_4DR遗传基因的长短对一个人是否喜欢坐过山车等冒险行为的影响只有10%。研究人员还设想了另外四五个与多巴胺有关的遗传基因。但是，华盛顿大学的心理学家克洛林格认为，任何种类的遗传基因对寻求新奇者的性格影响不到一半。

科学家们相信，大多数人的性格特征是先天和后天两种因素共同影响下形成的，巴甫洛夫说得好："性格是天生与后生的合金，性格受于祖代的遗传，在现实生活中又不断改变、完善。"

基因突变

1886年，荷兰生物学家德弗里斯在荷兰北部一块废弃的种马铃薯的土地上开始用月见草进行试验，发现早在1875年就已经生长在那里的月见草的所有器官都有突变。除扁化和瓶状化外，寿命的长短等也有明显的区别。德弗里斯便提出了一种新的见解，认为这种不连续的、突然出现的变异，是进化改变的主要源泉，物种是由突变而一步形成的。这就是德弗里斯所提出的突变理论。

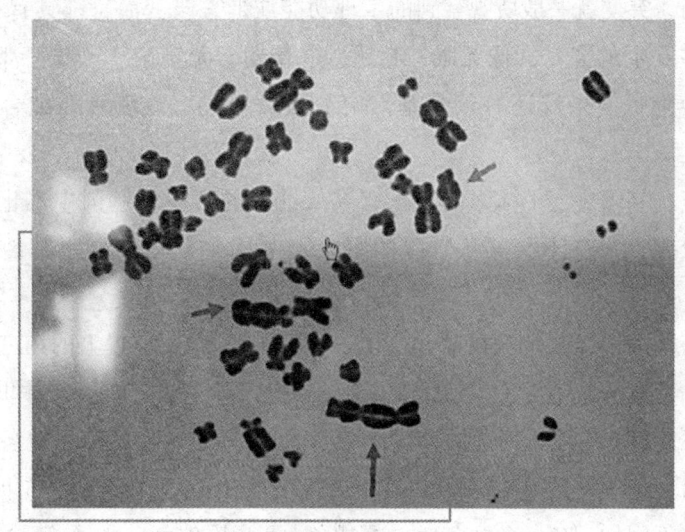

钋淋巴细胞染色体畸变

现在知道的突变可分为两大类：一类是染色体畸变，这些变化用细胞学的方法，能够用肉眼观察到；另一类是基因突变，这种变化一般不能直接地观察到，是基因的化学基础的变化。我们所说的突变一般指基因突变。

一提起突变，往往都被罩上一层神秘的不可预测的色彩，事实也是如

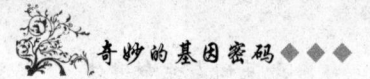

此。自然界的突变往往是偶然的，而且是自发产生的。但是，基因突变也与基因本身一样，存在一定的规律性。基因突变是普遍的现象。在自然界的各种因素如 X 线、温度和各种化学物质等的影响下，基因的突变是经常发生的，并且有一定的频率。据估计，细菌的突变频率是 $1 \times 10^{-4} \sim 1 \times 10^{-10}$，高等生物的突变频率是 $1 \times 10^{-5} \sim 1 \times 10^{-8}$。

首先，摩尔根学派认为基因突变是广泛存在的。遗传学家在植物、动物、微生物上都发现了广泛的突变现象。

其次，突变的发生是可重复出现的，它具有相对稳定的频率。摩尔根第一次发现的白眼果蝇突变，后来又多次在实验中出现过。

第三，突变具有可逆性。假如说某一野生型基因 A 突变成它的等位基因 a，这是正向突变；基因 a 又可以发生回复突变，从基因 a 突变成野生型基因 A。

第四，突变就一般所观察到的生理功能或形态改变而言都具有有害性。在果蝇中发生的突变，像无眼、卷翅、退化翅、无触角、短肢等都造成个体生活力降低。果蝇还有很多基因突变是致死的，或者是在纯合状态致死的。

第五，基因突变的多方向性。有人从红眼的野生型基因中不止一次地获得白眼基因 w，不久又从红眼的野生型基因中获得伊红眼基因（记为 wr）。

这个基因，经测定就在 w 位置上，所以它成为 w 位置上的第三种等位基因，称为复等位基因，当然这 3 个基因一定不会存在于同一个体里，一个果蝇是不能有 3 个等位基因的。3 个基因相互间的显隐性关系也各有所不同。以后又连续发现这个 w 的位置上，像变戏法似的，在不同的果蝇个体中表现出不同的颜色：象牙色 wi，樱桃色 web，珍珠色 wp，血色 wbi……突变型的数目多达 20 种。基因的这种"变戏法"在金鱼草、鼠、猫等许多动植物中，以至人种中，都广泛存在。

基因突变不可捉摸，对生物体又有如此之危害，而且还会在生物体中累积，这样下去，生物体怎么能把优良特性稳定地遗传下去呢？这种担心是不必要的。首先，基因是非常稳定的，基因突变或染色体畸变对于一个生物来讲毕竟是极其稀少的；这些少数基因的突变还可以增加生物的遗传性能的多样性，并非全然是坏事。其次，所说的基因突变的多方向性终究还是有限度的。果蝇的白眼基因决不会突变成牛眼基因，玉米种子的突变决不会下出鸡蛋来。最后，生物还有一个"残忍"的绝招，那就是：对那些遍体都是基因突变创伤的子孙，干脆扔给大自然淘汰处理。所以总的来说，生物的优良遗传特性仍可以保持相对稳定。

细菌对外界变化的环境，尤其是对抗生素的"响应"能力实在太明显了。随着各种抗生素的广泛应用和发展，起先是20世纪30年代中的磺胺剂，后来是20世纪40年代的青霉素和链霉素，细菌对药物发生抗性的现象越来越普遍。当时人们普遍接受的观点是：细菌只要暴露于药物之后，就会获得它们的抗性。

研究指出，用X线、紫外线、高温等外界条件，可以引起突变的发生并且大大地提高突变的频率，从而推进了人们对基因突变的研究，并且逐渐形成一门新的学科——辐射遗传学。

现在，人们知道化学诱变剂比起X线等物理诱变方式有很多优点，它可以以液体方式渗入动植物或微生物的培养液或培养基中，操作方便，而且诱变效率非常高。有的化学药物几乎可以达到非常专一的诱导作用，这是物理方法所办不到的。现在化学诱变剂的名单已经很长了，多达数千种。

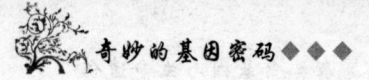

基因与疾病

基因与遗传性疾病

科学的发展使人们对疾病的认识逐步深入,已由整体、器官、组织和细胞水平进入了分子水平,即基因水平。目前人们普遍认为除了外伤和非正常死亡外,几乎人类所有疾病的发生都与基因或 DNA 的直接或间接改变有关。

遗传性疾病或简称遗传病是由于患者体内某种基因的完全或部分缺失、变异等造成其相应表达产物的量或质的异常,因而功能异常而产生的一类疾病,它主要由遗传因素引起。遗传性疾病的发生需要有一定的遗传基础,通过这种遗传基础,按一定的方式传于后代。

人类遗传性疾病的种类繁多,目前一般分为以下 5 类。

1. 单基因病。单基因病由单个基因突变所致。又因为它们符合孟德尔遗传方式,所以也称为孟德尔式遗传病。人类单基因遗传病至少有 5000 多种,而其中许多致病基因已经明了。这种突变可发生于 1 条染色体中,而呈常染色体(或性染色体)显性遗传;也可同时发生于 2 条染色体上,而呈常染色体(或性染色体)隐性遗传。单基因病较少见,发生率较高时也仅为 1/500,但危害性很大。

2. 多基因病。多基因病包括那些有一定家族史但没有单基因性状遗传中所见到的系谱特征的一类疾病,如先天性畸形及常见的遗传易感性疾病

(高血压、动脉粥样硬化、糖尿病、哮喘、自身免疫性疾病、老年痴呆、癫痫、精神分裂症、类风湿关节炎、智力发育障碍等)。这类疾病由遗传因素和环境因素共同作用引起。

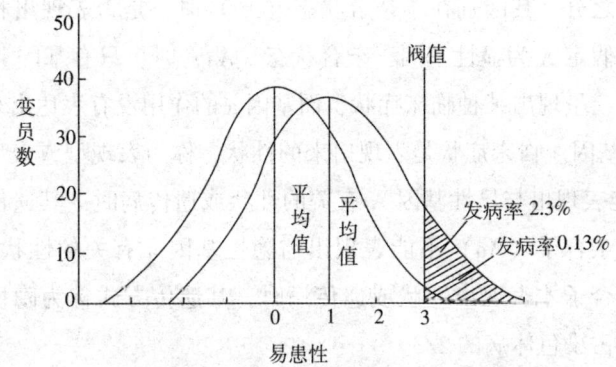

多基因病群体中易患性变异与阈值图解

3. 染色体病。染色体病是指染色体结构或数目异常引起的一类疾病。从基因角度来说，这类疾病涉及一个或多个基因结构或数量的变化。因此，这类疾病对个体的危害往往大于单基因病和多基因病。

4. 体细胞遗传病。单基因病、多基因病和染色体病的遗传异常发生在人体所有细胞包括生殖细胞（精子和卵子）的 DNA 中，并能传递给下一代，而体细胞遗传病是由于体细胞基因突变引起的。这类疾病包括恶性肿瘤和自身免疫缺陷病等。

5. 线粒体遗传病。线粒体是除细胞核之外唯一含有 DNA 的细胞器。线粒体 DNA 发生突变引起的疾病称为线粒体遗传病。线粒体遗传遵循母系遗传方式。随着对线粒体 DNA 的深入研究，线粒体遗传病正在引起人们的逐步重视。

染色体是遗传物质的载体。染色体在细胞周期中经历凝缩和舒展的周期性变化。在细胞分裂中期染色体达到凝缩的高峰时，形态恒定、轮廓清晰，这时是染色体观察的最佳时间。染色质和染色体是同一物质在不同细胞周期、具有不同生理功能的不同表现形式。从细胞间期到细胞分裂期，染色质通过螺旋化凝缩成为染色体；而从细胞分裂期到细胞间期转化的过

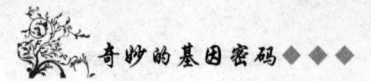

程中，染色体又解螺旋舒展成染色质。

染色体遗传病是一类涉及单个基因即一对等位基因突变所致的疾病，可按遗传方式分为：常染色体显性遗传和常染色体隐性遗传。致病基因有显性和隐性之分，其区别在于杂合状态（Aa）时，是否表现出相应的性状或遗传病。假定A为显性基因，杂合状态（Aa）时，只有基因A控制的性状表现出来，呈现出某种临床症状，而基因a的作用没有表达出来，则基因a称为隐性基因。临床症状是表现出来的性状，称为表现型或表型。若杂合子（Aa）能表现出与显性基因A有关的性状或遗传病时，其遗传方式称为显性遗传。杂合子（Aa）不能表现出与隐性基因a有关的性状或遗传病，或者只有纯合子才表现出性状或遗传病时，其遗传方式称为隐性遗传。常染色体病约占染色体病的2/3。

一种与遗传性状或遗传病有关的基因位于常染色体上，其性质是显性的，这种遗传方式称为常染色体显性遗传。由这种致病基因导致的疾病称为染色体显性遗传病。染色体显性遗传病可以分为：完全显性遗传、不完全显性遗传、共显性遗传、不规则显性遗传和延迟显性遗传5种类型。

凡是致病基因杂合状态（Aa）时，表现出像纯合子一样的显性性状或遗传病者，称为完全显性。短指症是完全显性遗传的典型例子。本症为较常见的手（足）部畸形，因指骨或掌骨短小，或指骨缺如，导致手指（趾）变短。

当杂合子（Aa）的表现型较纯合子（AA）轻时，这种遗传方式称为不完全显性或半显性，又称中间型遗传。出现这种现象的原因是杂合子（Aa）中的显性基因A和隐性基因a的作用都得到一定程度的表达，而临床表现是二者综合作用的结果。

当一对常染色体上的等位基因，彼此间没有显性和隐性之区别，在杂合状态时，两种基因都能表达，分别独立地产生基因产物，这种遗传方式称为共显性遗传。最常见的共显性遗传是ABO血型的遗传。ABO血型决定于一组复等位基因。复等位基因是指在一个群体中，一对特定的基因座位上有多种基因；而对于每一个人来说只能具有其中的任何2个等位基因。复等位基因产生的基础是一个基因发生多种突变，产生了多种基因型的结果。血型的遗传规律性在亲子鉴定、器官移植和输血中具有重要的意义。

一般情况下,拥有显性基因的个体应该发病,但有些杂合子(Aa)并不发病,有时表现程度有差异,这种情况称为不规则显性。产生这种现象的可能原因是受修饰基因的影响而不表现出临床症状,失去了显性基因的特点。修饰基因是指本身没有表型效应,但能影响主基因的功能,使主基因的表型不完全或削弱主基因的作用,从而出现各种表现度和不完全的外显率。多指症属于不规则显性遗传性疾病。

有些显性遗传病并非出生后即表现出来,而是到较晚期才出现症状,这种情况称为延迟显性。延迟显性的特点是最年轻一代的患者比例常不足1/2。如慢性进行性舞蹈病就属于此类疾病。年龄对这类疾病的发病起一定的作用。本病杂合子个体发育早期,致病基因并不表达,但到一定年龄后,致病基因的作用才逐步表达出来。

控制遗传性状或遗传病的基因位于常染色体上,其性质是隐性的,在杂合状态时不表现相应性状,只有当隐性基因纯合子(aa)方得以表现,这种遗传方式称为常染色体隐性遗传。由这种致病基因所引起的疾病称为常染色体隐性遗传病。白化病、先天性聋哑和苯丙酮尿症等属于常染色体隐性遗传病。白化病患者全身黑色素细胞均缺乏黑色素,所以皮肤、毛发呈白色。本病患者只有当一对等位基因是隐性致病基因纯合子(aa)时才发病,所以患者的基因型都是纯合子(aa)。当一个个体为杂合状态(Aa)时,虽然本人不发病,但为致病基因的携带者,能将致病基因 a 传给后代。因此,患者父母双方都应是致病基因(Aa)的肯定携带者。如果2个杂合

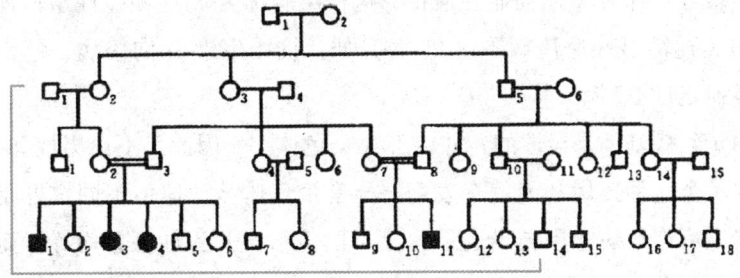

白化病谱

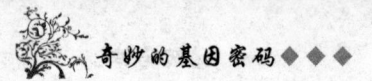

子（Aa）婚配，后代子女患者（aa）占1/4，表型正常者占3/4。表型正常的人中1/3基因型为纯合子（AA），2/3为杂合子（Aa），是致病基因的可能携带者。

性染色体上的基因所控制的遗传性状或遗传病，在遗传上总是和性别相关的。目前已知的性连锁遗传的致病基因大多在X染色体上，与性别相关联的遗传方式称为性连锁遗传。

一种与性状或遗传病有关的基因位于X染色体上，这些基因的性质是隐性的，并随着X染色体的行为而传递，其遗传方式称为X连锁隐性遗传。

以隐性方式遗传时，由于女性有2条X染色体，当隐性致病基因在杂合状态时，隐性基因控制的性状或遗传病不显示出来，这样的女性表型正常，但她是致病基因的携带者。只有当2条X染色体上等位基因都是隐性致病基因纯合子时才表现出来。在男性细胞中，因为只有一条X染色体，Y染色体上缺少同源节段，所以只要X染色体上有一个隐性致病基因就可发病。男性的细胞中只有成对的等位基因中的一个基因，故称为半合子。红绿色盲、鱼鳞癣、眼白化病、无丙种球蛋白血症、肾性尿崩症、血友病B、葡萄糖－G－磷酸脱氢酶（G-6-PD）缺乏症等均属于X连锁隐性遗传病。

色盲有全色盲和红色绿色盲之分。前者不能辨别任何颜色，一般认为是常染色体隐性遗传；后者最为常见，表现为对红绿色的辨别力降低，呈X连锁隐性遗传。

一些与性状或遗传病相关的基因位于X染色体上，其性质是显性的，这种遗传方式称为X连锁显性遗传，这种疾病称为X连锁显性遗传病。目前所知X连锁显性遗传病不足20种，如：抗维生素D佝偻病、色素失调症、高血氨症I型等。

由于致病基因是显性的，并位于X染色体上，因此，不论男性和女性，只要有一个这种致病基因就会发病。与常染色体显性遗传不同之处是，女性患者既可将致病基因传给儿子，又可以传给女儿，且机会均等；而男性患者只能将致病基因传给女儿，不传给儿子。由此可见，女性患者多于男性，大约为男性的1倍。另外，从临床上看，女性患者大多数是杂合子，病

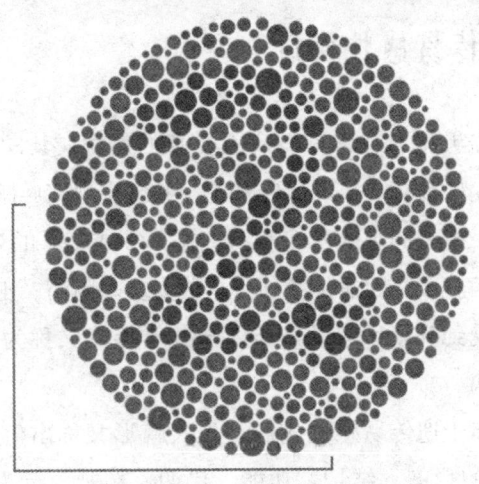
常染色体隐性遗传病之辨色图

情一般较男性轻,而男患者病情较重。

抗维生素 D 佝偻病是一种以低磷血症导致骨发育障碍为特征的遗传性骨病。患者主要是肾远曲小管对磷的转运机制有障碍,因而尿排磷酸盐增多,血磷酸盐降低而影响骨质钙化。患者身体矮小,有时伴有佝偻病等各种表现。患者用常规剂量的维生素 D 治疗不能奏效,故称为抗维生素 D 佝偻病。从临床观察,女性患者的病情较男性患者轻,多数只有低血磷,佝偻症状不太明显,表现为不完全显性,这可能是女性患者多为杂合子,其中正常 X 染色体的基因还发挥一定的作用。男性患者与正常女性结婚,所生子女中,儿子全部正常,女儿全部发病;女性患者与正常男性结婚,子女中正常与患者各占 1/2。

如果致病基因位于 Y 染色体上,并随着 Y 染色体而传递,故只有男性才出现症状。这类致病基因只由父亲传给儿子,再由儿子传给孙子,女性是不会出现相应的遗传性状或遗传病的,这种遗传方式称为 Y 连锁遗传。由于这些基因控制的性状,只能在雄性个体中表现,这种现象又称为限雄遗传。

基因与遗传易感性疾病

一些常见的先天畸形和常见而病因复杂的疾病，其发病率一般都超过1/1000，疾病的发生都有一定的遗传基础，并常出现家族倾向。但这些疾病不是单基因遗传，患者同胞的发病率不遵循1/2或1/4的规律，大约仅1%~10%。这些疾病有多基因遗传基础，故称为多基因病。正因为它们的遗传基础很复杂，且受到环境因素的影响，故这类疾病又称为遗传易感性疾病或遗传倾向性疾病。

先天畸形就属于遗传易感性疾病。先天畸形又称出生缺陷，是指由胚胎发育紊乱引起的形态、结构、功能、代谢、精神、行为等方面的异常。先天畸形可因遗传因素、环境因素或两者的相互作用而发生。常见的先天畸形有脊椎裂、腭裂、唇裂、短指或缺指、先天性心脏病、先天性幽门狭窄、先天性髋脱臼、先天性肾缺乏、先天性巨结肠症等。

先天畸形的病因既有遗传因素，也有环境因素，还有两者共同作用。遗传因素有染色体畸变、单基因遗传、多基因遗传等。由遗传因素和环境因素引起的先天畸形属于多基因遗传。由遗传因素和环境因素共同引起的畸形是最常见的。在所有先天畸形中至少有40%的确实原因目前尚不清楚。先天畸形中，当遗传因素起决定作用时，也常由环境因素诱发了基因突变或染色体畸变；同时，当环境因素起决定作用时，畸形的发生常与母体和胎儿的基因型也有关。可见遗传或基因因素在先天畸形发生中的基础作用。

先天畸形的子女受累风险明显高于一般群体，了解这一特点对于优生优育非常重要。研究发现，先天畸形的发生与多种基因异常有关，如与发育调节基因、转录因子类基因、原癌基因、抑癌基因、生长因子及其受体基因、蛋白激酶C相关基因、同型半胱氨酸代谢相关基因等有关。

成人许多常见的慢性病、多发病，如原发性高血压、糖尿病、动脉粥样硬化、冠心病、精神分裂症、哮喘病等都属于多基因病。这类疾病的发病是由遗传因素和环境因素共同作用的结果。在任何一个个体中，当有特殊的多种致病基因共同作用时，潜在发病危险性就大。一个个体继承了致病基因的正常组合,当他们超过"危险阈值"时,环境因素就可决定疾病的表现和严重程度。家庭成员患同一种疾病时,该个体必继承相同或极相似的基因组合,这种情况发生的可能性在一级亲属中明显大于较远的亲属。多基因遗传的易患性必须服从于基因控制特定功能的特异蛋白质合成这个基本事实。

冠状动脉粥样硬化性心脏病(冠状动脉性心脏病或冠心病,有时又被称为冠状动脉病,或缺血性心脏病)指由于冠状动脉粥样硬化导致心肌缺血、缺氧而引起的心脏病。动脉粥样硬化可引起多种病症。冠状动脉病大多数病例为有明显环境因素作用的多基因遗传病。

男性、家族史、高脂血症、高血压、糖尿病、肥胖症等是引起此病的危险因素。

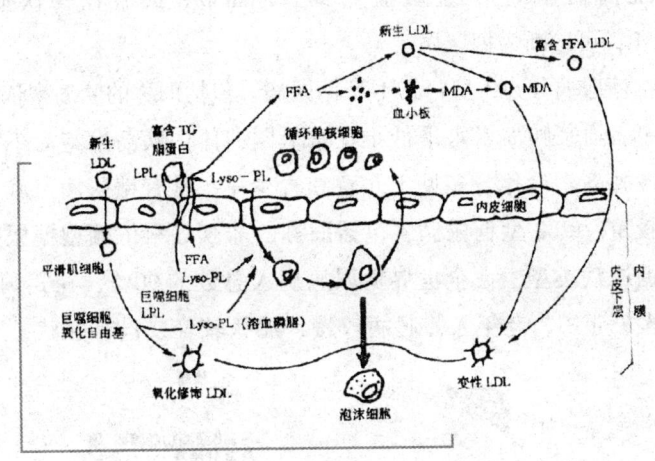

冠状动脉粥样硬化性心脏病发病机理

高血压病是一种复杂的多基因遗传病。高血压病具有家族聚集现象和复杂的遗传方式,其遗传率约为30%~60%,而以多基因遗传为主。据调查发现,许多高血压病患者有家族史。父母双方一方有高血压,其子女要比双亲均无高血压的子女高血压患病率高出1.5倍;双亲均有高血压,则其子女高血压患病率要高2~3倍。分子遗传学研究表明,该病与两个重要的基因——血管紧张素转化酶基因和血管紧张素原基因有关。德国科学家宣布，他们找到了导致人体肥胖和高血压的一种新基因。德国科学家发现"G－肮"的基因会导致血管狭窄和其他症状，并引发高血压和肥胖症，进而造成心肌梗死、中风或肾衰。

糖尿病是由于体内胰岛素分泌量不足或胰岛素效应差，葡萄糖不能进入细胞内，导致血液中的葡萄糖升高、尿糖增加的一种内分泌疾病。糖尿病的典型症状是"三高一低"，即：多饮、多食、多尿和体重减轻。糖尿病是现代疾病中的第二杀手，其对人体的危害仅次于癌症，而且现在的糖尿病有扩大化和年轻化的倾向。一旦糖尿病发生，目前不能根治，不仅降低患者的生活质量，而且给社会、家庭和个人带来沉重的经济和精神负担。

成人正常空腹血糖值为3.9～6.0mmol/L（毫摩尔/升），糖尿病危险人群（肥胖人、老年人、有糖尿病家族史、高血压、高血脂、有妊娠糖尿病史、应激性高血糖等），空腹血糖≥7.0mmol/L或者任一次血糖值≥11.1mmol/L，可诊断为糖尿病。

目前将糖尿病分为3型：①1型糖尿病。包括旧称的胰岛素依赖型糖尿病。这型患者血浆胰岛素水平低于正常低限，体内胰岛素绝对不足，必须依赖外源性胰岛素治疗。多见于儿童和青少年，常有糖尿病家族史，起病急，症状较重。②2型糖尿病，包括旧称的非胰岛素依赖型糖尿病。这是最常见的糖尿病类型，占全世界糖尿病病人总数的90%，在我国占95%。发病年龄多见于中、老年人，起病较慢，症状较轻或没有症状，不一定依

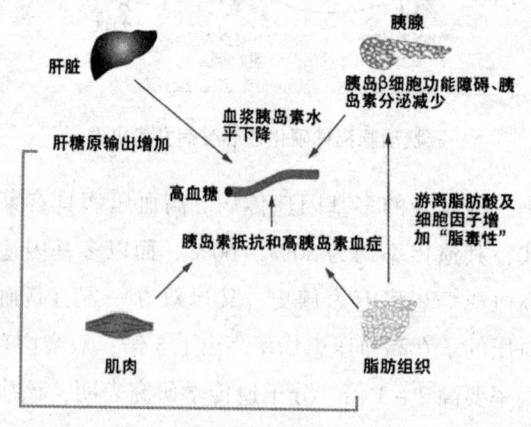

2型糖尿病的病理生理学

赖胰岛素治疗。③其他特殊类型糖尿病。往往是其他疾病的伴随症状或并发症。如：感染性糖尿病、妊娠糖尿病、药物及化学制剂引起的糖尿病、内分泌疾病伴发的糖尿病、胰腺疾病伴发的糖尿病等。

在糖尿病的发病诱因中，遗传因素是占有十分重要地位的，已越来越受到人们的关注。根据糖尿病遗传理论的最新进展，与糖尿病的遗传易感性有关的有孟德尔遗传、非孟德尔遗传和线粒体基因突变。

1. 孟德尔遗传。目前已知胰岛素基因突变、胰岛素受体基因突变、葡萄糖激酶基因突变和腺苷脱氨酶基因突变等4种单基因变异可引起2型糖尿病，并按孟德尔遗传。由于胰岛素基因密码区的点突变，导致胰岛素肽链上氨基酸排列顺序异常。胰岛素受体基因点突变目前已发现40余种。葡萄糖激酶基因突变，现已发现20余种点突变，与2型糖尿病的亚型，即成年发病型青少年糖尿病有关。而腺苷脱氨酶基因突变亦与成年发病型青少年糖尿病有关。

2. 非孟德尔遗传引起的糖尿病。目前认为，大多数2型糖尿病属非孟德尔遗传，系多基因-多因子遗传疾病。

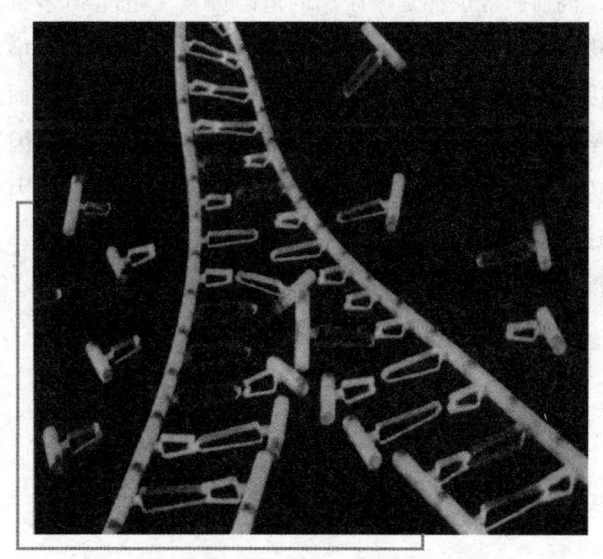

利用DNA重组技术在细菌里生产胰岛素

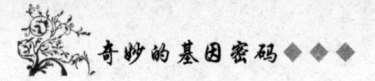

3. 线粒体基因突变引起的糖尿病。

这类糖尿病是最新的研究进展。这是目前国际上唯一能进行发病前正确预测的一类糖尿病,并认为线粒体基因突变糖尿病呈母系遗传,即家系内女性患者的子女均可能遗传到此突变基因而得病,但男性患者的子女均不得病。

除遗传诱因外,其他的危险因素还包括饮食因素。如能量物质摄入过多,膳食纤维、维生素、矿物质摄入过少,以及体力活动太少等等,易引起肥胖。而肥胖是诱发糖尿病很重要的一个因素,超过理想体重50%者比正常体重的糖尿病的发病率高达12倍。大多数2型糖尿病患者体型肥胖。有一种向心性肥胖危险性更大,这是一种腰围与臀围的比例大于0.90的肥胖。因为这种肥胖是脂肪细胞体积的肥大,而不是脂肪细胞数量的增生,这种肥大的脂肪细胞上胰岛素受体数目减少,易发生胰岛素抵抗,是发生糖尿病的重要指征。肥胖时脂肪细胞膜和肌肉细胞膜上胰岛素受体数目减少,对胰岛素的亲和能力降低、体细胞对胰岛素的敏感性下降,导致糖的利用障碍,使血糖升高而出现糖尿病。生理病理因素方面。年龄增大、妊娠、高血压、高血脂等也都是糖尿病的危险因素。超过40岁的人,如果有家族糖尿病史或肥胖,尤其容易患糖尿病。妊娠期间雌激素增多,而雌激素一方面可以诱发自身免疫,导致胰岛B细胞破坏;另一方面,雌激素又有对抗胰岛素的作用。因此,多次妊娠可诱发糖尿病。环境因素方面。包括:空气污染、噪声、社会的竞争等,这些因素容易诱发基因突变,突变基因随着上述因素的严重程度和持续时间的增长而越来越多,当突变基因达到一定程度即诱发糖尿病。

基因工程

基因工程的概念

基因工程，也叫基因操作、遗传工程，或重新组体 DNA 技术。它是一项将生物的某个基因通过基因载体运送到另一种生物的活性细胞中，并使之无性繁殖和行使正常功能，从而创造生物新品种或新物种的遗传学技术。一般说来，基因工程是专指用生物化学的方法，在体外将各种来源的遗传物质（同源的或异源的、原核的或真核的、天然的或人工合成的 DNA 片段）与载体系统（病毒、细菌质粒或噬菌体）的 DNA 组合成一个复制子。这样形成的杂合分子可以在复制子所在的宿主生物或细胞中复制，继而通过转化或转染宿主细胞、生长和筛选转化子，无性繁殖使之成为克隆。然后直接利用转化子，或者将克隆的分子自转化子分离后再导入适当的表达

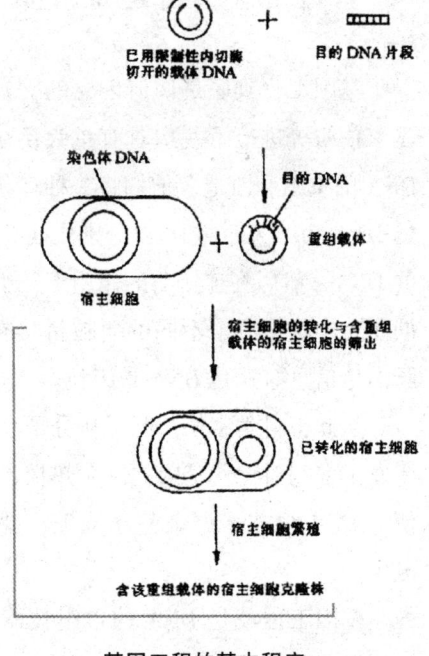

基因工程的基本程序

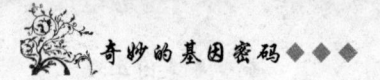

体系，使重组基因在细胞内表达，产生特定的基因产物。

基因工程中内外源 DNA 插入载体分子所形成的杂合分子又称为分子嵌合 DNA 或 DNA 嵌合体。构建这类重组体分子的过程，即对重组体分子的无性繁殖过程又称为分子克隆、基因克隆或重组。

在典型的基因工程实验中，被操作的基因不仅能够克隆，而且能够表达。但是在另外一种情况下，为了制备和纯化一段 DNA 序列，我们只需这一段 DNA 在受体细胞中克隆就可以了，无需让它表达，这也是一种基因工程实验。

基因工程一出现，就像一朵绽蕾的鲜花，立刻散发出了诱人的芳香，展现出了光辉的前景。不少科学家预言在 21 世纪遗传学和基因工程将成为自然科学领域的主角。世界上有不少报刊指出，20 世纪 70 年代最伟大的 2 项科学成就即是大规模集成电路和基因工程。前者对人类生产、生活正产生着巨大的影响，后者将改变人类生活的本来面目。

基因工程的出现和创立

基因工程到底是如何创立的呢？1972 年，美国斯坦福大学的著名遗传学家伯格等进行了一次具有重大历史意义的实验，成功地在体外实现了对 DNA 的重组和改造。他们将 2 种环状的 DNA 分子，即 SV40（一种猴病毒）的 DNA 和噬菌体的 DNA 分别用同一种限制性内切酶裂解成了带有黏性末端的 DNA，然后在连接酶的作用下，组合成 DNA 分子。1973 年，以科恩为首的研究小组把两个不同的质粒拼接在一起，组合成一个嵌合质粒，导入大肠内传信息。这是 DNA 重组技术，也是基因工程的第一个例子。

从此，科学家们撞开了从分子水平上直接改造生物的大门。这一成功，激发了人们对操作基因的巨大热情，并接二连三地攻克了一个又一个难关，使 DNA 重组技术逐渐趋于成熟，并进入实用化阶段，从此宣布基因工程诞生。

基因工程就是 DNA 的重组技术，它是指在体外通过人工"剪切"和"接接"等方法，对各种生物的 DNA 分子进行改造和重新组合，然后导入微生物或真核苷胞内进行无性繁殖，使重组基因在受体细胞内表达，产生出人类需要的基因产物，或者改造、创造新的生物类型。

基因工程又称遗传工程。但是广义的遗传性含义比较广泛。任何采用物理、化学方法改变生物性状的手段，都可以称为遗传工程。基因工程则专指对基因进行直接的人工处理，从而研究并控制生物特性表达的途径手段。所以，基因工程是指狭义的遗传工程。

基因工程问世至今不过20多年的时间。国内外的许多实验室争相应用DNA重组技术进行了大量的研究工作，取得了许多举世瞩目的成就。基因工程完全突破了经典的研究方法和研究内容，将遗传学扩展到了一个内容广泛的崭新领域。自然界创造新的生物物种一般需要几十万年乃至几百万年的漫长岁月，但在实验室里应用基因工程，在几天内就完成这一过程。自然界中从未有过的新型蛋白质也可能通过基因工程创造出来。随着基因工程学的诞生，人类已经开始从单纯的认识生物和利用生物的传统模式跳跃到了随心所欲地改造生物、创造新生物的时代。

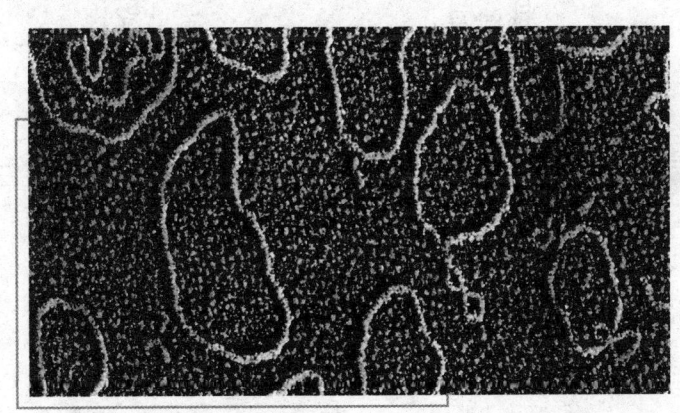

环状DNA质粒的发现使基因"施工"有了理想的载体

基因工程既是现实的生产力，更是巨大的潜在的生产力，势必成为下一代新产品的基础技术，成为世界各国特别是科学较发达国家的国民经济的重要支柱。在能源短缺、食品不足和环境污染这3大危机已经开始构成全球问题的今天，基因工程及其伴随的细胞工程、酶工程和微生物发酵工程（统称生物技术）将是帮助人类克服这些难关的金钥匙。基因工程在人类生活和社会发展中将起到越来越重要的作用。基因工程的发展日新月异，方兴未艾。它目前的发展状况正类似于20世纪40年代原子能技术和50年代半导体技术刚刚兴起的情形，毫无疑问，这一领域的发展势必会引起基础理论研究、工农业生产、医疗-保健事业等各个领域的一场深刻的技术革命。

基因工程技术有一个前提条件，那就是遗传密码的普遍性。进化程度差异很大的各种生物，不管是动物、植物、微生物还是人类本身，一切生物的遗传密码都是相同的。各个物种之间的区别仅在于它们所含的遗传物质——DNA分子的长度不同，即所载的信息量不同。这是人类所以能进行不同物种间基因操作的基础。

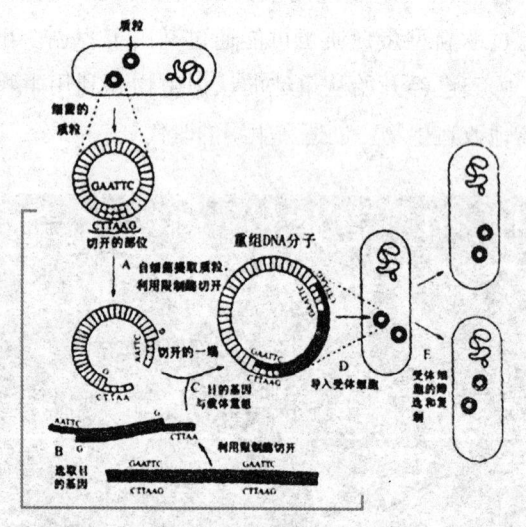

基因工程一般操作流程

基因工程是有目的地在体外进行的一系列基因操作。一个完整的基因工程实验包括5个步骤：1. 获取目的基因；2. 获取基因载体；3. 重组DNA；4. 把重组DNA导入受体细胞进行扩增；5. 筛选与培育。

这一流程只是基因工程的基本轮廓，远远不能包含基因工程的全部内容。一个完整的基因工程实验异常复杂，它犹如一条长长的链锁，由许多紧密相连的环节组成。

基因工程是怎样"施工"的

基因工程是一项非常复杂的技术操作,它的环节之繁多、操作之细致是其他工程所无法比拟的。但是如果跳开细节问题,基因工程操作流程还是比较明了的。它的基本步骤大致可归纳如下:

制备所需的基因

这一步就是人们依据工程设计中所需要的某些 DNA 分子的片段,它含有一种或几种遗传信息的全套遗传密码。DNA 的种类繁多,每个 DNA 分子所包含的基因也很多,但它在细胞内的含量却很少。因此,要获得一定量的目的基因,是一件十分复杂的细致工作。目前采用的分离、合成目的基因的方法有多种。如:超速离心法,是根据不同基因的组成不同,其浮力、密度等理化性质也不同的原理,应用密度梯度超速离心器,直接将不同的基因分离出来;噬菌体摄取法,是利用噬菌体侵入细菌细胞中,其染色体能与细菌细胞染色体整合并一同复制的特性。在一定条件下,噬菌体可以从细菌中释放出来,并带出一部分细菌的染色体,从而可以从带出的这些细菌染色体上获得目的基因;反录酶法,是先分离出特定基因的 mRNA,再用反转录酶作催化剂,以 mRNA 为模板,合成所需要的 DNA 目的基因;分子杂交法,先用加碱或加热的办法使 DNA 变成单链,而后加入有放射标记的 RNA,让 DNA 在特定条件下,结合成 DNA 与 RNA 的杂合分子,再用多聚酶制备出足够数量的双链的 DNA 分子,进而获得

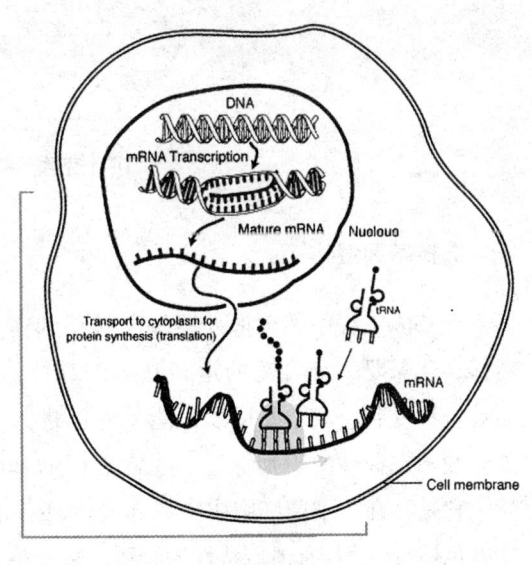

mRNA 结构

DNA 目的基因；霰弹枪法，是用酶将已切割成的 DNA 片段与载体混合生成杂合子，再导入大肠杆菌中去繁殖，然后分离筛选出所需要的目的基因；合成法，如果已知道基因 DNA 的碱基排列顺序，就可以采用不同的核苷酸为原料，用特定的酶催化，直接合成目的基因。

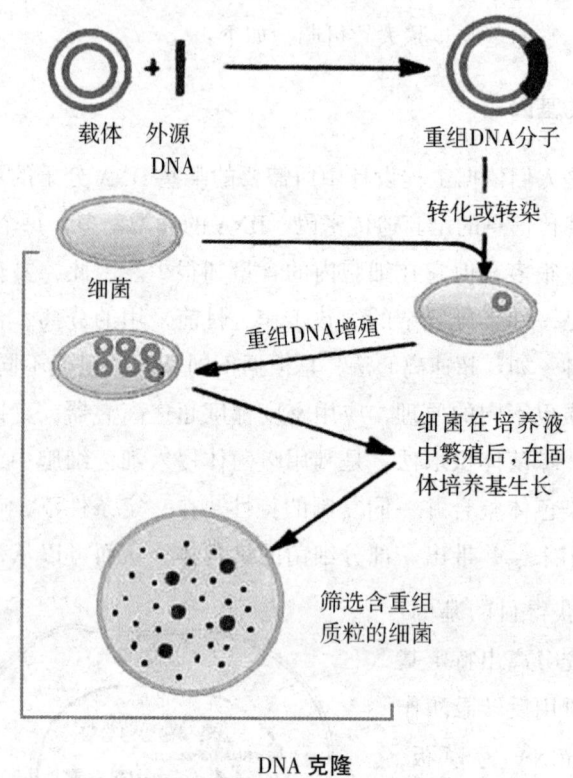

DNA 克隆

选择基因载体

在基因工程中必须把外源基因转移到宿主细胞中去。要实现这种基因转移，还需要一种合适的运转基因的载体。理想的载体要具备如下条件：能够自我复制，大小要适度，能从外部进入细胞；稳定安全可靠，要有遗传标记和选择性的识别标记。通常选用的基因载体有 3 类：一类是细菌质粒。它是存在于细菌细胞中染色体外的环状的 DNA，也叫"核外遗传体或外染色体"，是具有遗传特性的物质。由于它能独立复制，也能组入宿主细胞中，与宿主细胞的染色体一起复制、转录、翻译表达，因而在基因工程中是常被选用的载体。例如：土壤根癌农杆菌中有一种环状 DNA 物质——Ti粒，它能够带着重组的基因稳定地整合到宿主细胞核的基因中去，进行复制、转录和表达。Ti 质粒是目前高等植物基因工程中，常被选用的基因载体；另一类是噬菌体和病毒，如 N—噬菌体和 SV_{40}（猿猴病毒）等，在微生物和哺乳动物体细胞的基因工程中，作为基因载体已广泛被应用。在植物病毒中，除了利用自然无毒的病毒品系，如抗烟草花叶病毒（TMV）外，对其他绝大多数的病毒都必须进行若干修饰或改造，才能成为可用的基因载体。修饰改造的目标之一，就是要减弱或消除病毒的致毒性，使其引起宿主细胞病症的毒性降至最低水平，并在使用过程中使其原有毒性不至于复发。此外，再有一类载体就是转座因子、人造粘接体等。它们的主要成分都是不同的脱氧核糖核酸（DNA）。

除运用化学物质诱导细胞摄入基因的方法外，将外源基因直接导入受体细胞的方法也在不断研究和采用中，它能有效地提高 DNA 的转化率。下面介绍几种常用的方法。

1. 电激法。这是用瞬间脉冲刺激细胞膜，在一定强度的电脉冲作用下，使其脂质部分形成若干可以逆转的小孔，以增加通透性而不损伤细胞膜的基本结构。这些孔就成了外部重组的 DNA 分子进入细胞的通道。电脉冲的强度可决定孔的直径大小和数量，孔的直径大小又决定了 DNA 进入细胞的速度和难易。但是如果电脉冲强度超过了临界，细胞膜就会遭到不可逆转的破坏。美国农业局的科学家詹姆斯·桑德思和本杰明·马修斯成功地将大肠杆菌产生的 β-葡萄糖苷酸酶（Gus）的基因，用电脉冲植入烟草发芽的花粉细胞中，在再生的烟草植株内发现了 Gus。他们先将细菌的基因提取出来，当烟草的花粉粒发芽并长出花粉管时，就立即将两者混合放入一试管中，试管里有两根相距两毫米的不锈钢的电极。当通上电流后，两极之间产生了很强的电脉冲，持续时间 80 微秒，电势为 9 千伏/厘米，使花粉管上被击出一些小孔。这些小孔能持续开放 30 分钟左右，Gus 的 DNA 就由这些人眼看不见的小孔进入花粉细胞中，而花粉壁因较厚不会被电脉冲击穿。

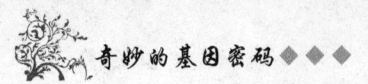

2. 微注射法。在显微操作和相差显微镜等精密技术设备条件下,用毛细管针将外源基因直接注射到细胞中去。

3. 激光打孔注入法。用激光在植物细胞壁、细胞膜和核膜上开孔,将开了孔的细胞浸于外源基因培养液中,培养液的浓度应略高于细胞内液体的浓度,使外源基因从孔中注入细胞内。日本用这种方法已成功地给大麦注入了外源基因,速度比较快,30~40分钟就能给几万个细胞注入完毕。

4. 黄金弹射入法。用极微小的固体黄金颗粒为子弹,弹上涂上DNA,放在一张非常薄的膜上,然后用加压的氦气射流把薄膜猛烈地击入一个滤网,使膜上的黄金微粒以接近手枪子弹的射击速度,穿过薄滤网和细胞膜,进入细胞内。美国得克萨斯大学西南医疗中心的研究人员,已经成功地把涂有萤火虫基因的黄金子弹,射入了小鼠的皮肤和肝细胞内,并证实被射入的基因在10%~20%的受轰击的细胞内工作了14天,研究人员寄希望用这种办法,把某些基因射入人体细胞,以矫正和医治由于基因缺陷或掉失而引起的各种疾病。

5. "基因枪"法。是用各种特制的"基因枪"把带有外源基因的"微型弹"直接嵌入受体细胞中去。美国有两个研制作物种子的科研小组,都宣布他们使用了一种相同的"基因枪",把涂有外源基因的小弹丸射到了玉米细胞里面去,并得到了表达。这两个实验小组中一个实验小组在弹丸表面涂的是一种能产生萤光的基因,这种基因引入试验的玉米细胞中之后,能促使玉米产生比较低却可以探测得到的微弱的光线。研究人员说:这两种特殊基因中的任何一种都对玉米特别有用,而且"基因枪"技术代表着可以把具备任何特性的基因引入谷物内的研究发展方向。

基因工程为科学研究和生产实践开辟了一条新路。过去用传统方法要试验研究基因在新的遗传环境中的功能,以及验证它对生物的影响,是不可能进行的,而上述方法现在已成为遗传研究中的常规手段。用基因工程生产人们所需要的生物产品,已成为新兴的产业。1997年,美国加州的科学家将生长激素释放抑制因子的基因转入大肠杆菌,在大肠杆菌培养液中,生产出了这种由14种氨基酸组成的多肽激素,仅用9升培养液,就提到了5毫克激素。这相当于从50万只羊的下丘脑中所能提取到的激素量的总和。

1979 年，美国曾利用细菌生产人的胰岛素，以满足医治糖尿病的需要。他们用基因工程把人的胰岛素基因导入大肠杆菌，用几公斤培养大肠杆菌的发酵液，就生产出了 3~4 克胰岛素，相当于过去从 100 千克大家畜胰脏中才能提取出来的胰岛素数量，而且生产过程也简便得多。

基因转移

把所取得的基因引入细胞的方法随接受这基因的细胞的不同而不同。接受基因的细胞可以大致分为 3 类：以细菌和酵母菌为主的微生物，人、家畜和实验动物的细胞和植物细胞。

转化是把基因引入微生物细胞的常用方法。转化是细菌在特定的生理状态下摄入 DNA 的过程。一种称为电击穿孔的方法则较少依赖于细菌的生理状态，把细菌悬浮在电场中，短时间的通电能使细胞膜破损而令 DNA 进入细胞中去。

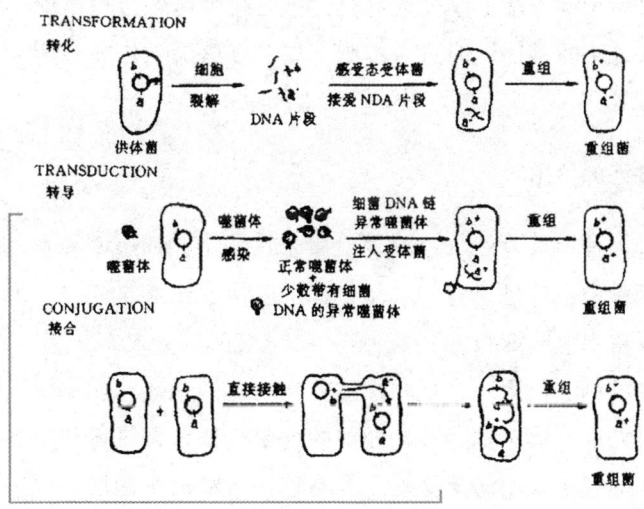

细菌间的基因转移

对于人和动物细胞来讲，引入外来基因的方法的采用要视细胞对象而不同。对于身体细胞来讲，用于微生物的方法也可以采用。此外还常用微粒子轰击法和微小囊体融合法。微粒子轰击法是将 DNA 吸附在钨或金的微粒上，通过特制的枪的轰击把 DNA 导入细胞。微小囊体融合法是将 DNA 包在人工制造的磷酯类微小囊体中，依赖于囊体与细胞的融合而把 DNA 输入细胞中去。

卵细胞体积大而数量少，所以常用显微注射方法引入 DNA。显微注射当然是一种很费事的操作，不过现在某些实验室已采用电脑控制的自动化装置，应用这种装置每小时可注射 1500 个卵细胞。

植物细胞具有坚硬的细胞壁，所以一般在进行导入外来 DNA 操作以前先把它的细胞壁用溶解纤维素的酶处理，去除了细胞壁的细胞形成圆球状的原生质体。以上介绍的方法于是都可以应用于原生质体的悬浮液。在一定的条件下导入了外来基因的原生质体又可以形成细胞壁，甚至可以生长成植株。去除了细胞壁的植物细胞会发生融合。融合也可以发生在去除细胞壁的植物细胞与细菌细胞之间，通过这种融合可以把细菌细胞中所包含的运载着的基因直接导入植物细胞而毋须抽提它的质粒。当然方法各有利弊，例如最后一种方法似乎简便易行，可是在细胞融合过程中不需要的物质也将随着外来的基因同时进入细胞，这对以后的工作将会产生一些不利的影响。

外来基因的检出

无论哪一种导入 DNA 的方法都会带来接受外来 DNA 的细胞的死亡，在活下来的细胞中也总是只有一小部分真正接受了外来的 DNA。因此必须有一种方法来检出这些细胞。

最常用的办法是用一个抗药性质粒作为基因载体。如果说质粒上有一个抗氯霉素基因，那么把经转化处理的细菌接种在含氯霉素的固体培养基上，在这上面长出来的菌落必然由含有这一质粒的细菌所长成。不过这样检出的细菌固然含有这一质粒，质粒上却未必运载着外来的基因，因为经过限制酶切的质粒可以通过自身的两个酶切末端的连接而成为不带有任何外来 DNA 的质粒，而这样的质粒同样可以通过转化进入细菌细胞而使它们对氯霉素具有抗性。

为了避免上述困难可以采用下面这一策略：选择一个具有两个抗药基

因的质粒作为基因载体，其中一个抗药基因的内部要求有某一限制酶的单一识别序列，利用这一识别序列来克隆外来基因，如果这里有外来的 DNA 插入便导致这一抗药基因的失活，因此可以从这一基因载体所给予细菌的另一种抗药性来检出带有外来基因的细胞。

在以上这2种方法中未接受外来基因的细胞应该是对这些药物呈敏感状态的；抗药性基因载体和敏感的受体细胞配成一对成为一个转化系统。按照同一原理可以用一个营养缺陷型细胞株系作为受体，用带有相应的野生型基因的质粒作为基因载体，在不加受体细胞所需的物质的培养基上生长的菌落都由接受了这一基因载体的受体细胞所长成；这里带有野生型基因的载体和营养缺陷型株系配成一对，成为一个转化系统。

基因的诊断技术

对症下药、治病救人的道理人人皆知，每当去医院看病，医生们在一阵望、闻、问、切之后，常常还要开具几项检查项目，待检查结果出来之后，才会对症下药。

的确，医生欲行救死扶伤之道，必须首先明确其诊断。现代医学条件下，医生们不仅能根据 B 超、核磁共振、CT、胃镜等一大堆现代化仪器对患者器质性病变作出明确的定位诊断，还能在细胞和分子水平上对疾病的性质、预后等作出判定。始于 20 世纪 70 年代末期的基因诊数技术，10 余年来由于 PCR 等新技术的出现和人类对自身基因认识的不断深入，已步入一个新的阶段，带来了医学诊断学领域的一场深刻的革命。

事实上，20 世纪末的人们对基因诊断已不感陌生。一方面，基因诊断方法的不断更新，不仅揭示了大量遗传病的分子缺陷，且已能在转录水平上进行诊断；另一方面，基因诊断的实用性不断提高，适用范围从遗传病逐步扩展到感染性疾病、肿瘤、心血管疾病、退行性疾病、寄生虫病等。对胎儿的产前诊断成为提高人口素质的有效手段。此外，基因诊断技术在法医学中也得到广泛应用。基因诊断与传统的诊断方法不同之处，也是它的优越之处在于，它不仅能对有表型出现的疾病作出诊断，也能发现潜在的疾病因素，如确定有遗传病家族史的人或胎儿是否携有致病基因、个体对疾病的易感性、疾病类型和阶段，甚至个体的抗药性等；而传统诊断方法则仅以疾病的表型为依据，往往疾病表现出典型症状时，病情已发展到一定程度，对治疗带来困难。

基因诊断的兴起是在20世纪80年代。1980年，有人根据不同人相应的DNA片段并不完全相同而引起某一限制性内切酶识别位点的不同，以致用该限制性内切酶切割基因组织DNA所得的DNA体系在人群中出现长度多态性的原理，建立了DNA限制性长度多态性分析方法，使对任何一种表型相关基因在染色体上的定位成为可能。亨廷顿舞蹈病、囊性纤维变性、乳腺癌基因等400多个基因就是根据这一连锁分析定位并克隆的。这使得已有的基于基因功能的诊断策略大大前进了一步。在定位克隆基因诊断战略不断发展完善的时候，人们又注意到大多数人类疾病如重度肥胖、哮喘、肿瘤、精神疾病和多种自身免疫疾病等是多基因与环境相互作用的结果。1995年科学家们提出的表型克隆概念，给基因定位克隆提供了新的思路，同时也使基因诊断有可能从简易性状走向复杂性状。其基本思想是从正常和异常基因组的相同或者差异入手，要么寻找两者差异序列，要么寻找两者的全同序列，从中分离、鉴定与所研究疾病相关的基因，然后确定导致该病的分子缺陷。这种策略既不事先阐明基因的生化功能或图谱定位，也不受基因的数目或其相互作用方式的影响。

基因诊断的具体方法包括DNA探针杂交、PCR或两者兼有的技术。近几年来生物芯片特别是基因芯片技术的快速发展，以及人类新基因的大规模克隆，使得基因诊断技术从以前的一个或几个基因的诊断发展为集约化基因诊断——即同时对数百个、数千个甚至数万个基因的诊断。这样就完全有可能通过对某一疾病相关的所有基因检测后，根据患者个体基因型的不同情况，采取针对性的药物治疗或基因治疗，以达到最佳的治疗效果。这种方法不仅简便，且可用少至一个细胞的样品进行诊断。由于基因芯片技术的发展，21世纪人们的基因诊断不仅可能贯穿对疾病治疗的全过程，也可贯穿人的一生——从早至胎儿出生前直到个体死亡，并且可以通过生物信息处理而得出最有诊断意义的结果。通过早期预测和提前治疗，达到

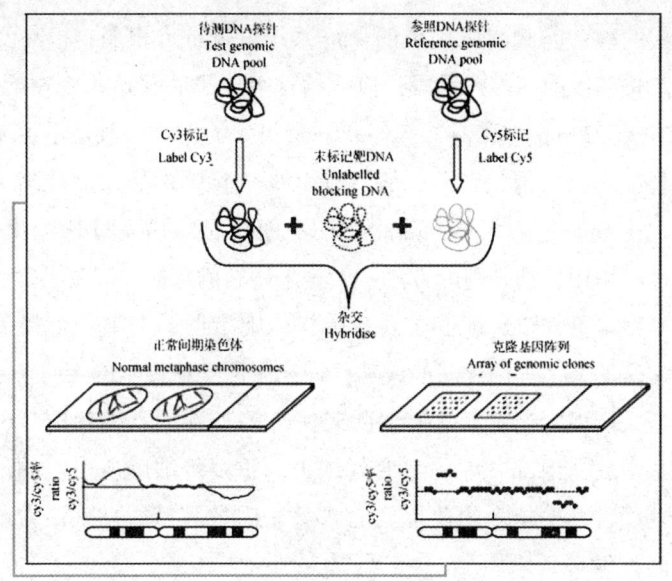

DNA 探针杂交示意图

真正意上的疾病防治。

近年来基因诊断技术突飞猛进的发展得益于以人类基因研究为主导的生命科学与技术、信息科学与技术、微细结构制造加工与分析技术的发展，以及各学科间日益密切的配合，为人类健康事业的进步作出了巨大的贡献，也极大地推动了整个生命科学的发展。例如日本中外制药公司销售了 2 种 DNA 探针：一种用于结核菌鉴定，另一种用于非定型抗酸菌鉴定。传统鉴定均需对样品进行较长时间的细菌培养，而后用常规方法进行检测，需时很长。而用 DNA 探针则由于灵敏度的大大提高，可直接从样品中测定，速度大大加快，患者可以及时获得确诊而不致贻误用药时机。

基因医病

1990 年 9 月 14 日，在美国马里兰州的一个医疗中心，一名 4 岁的可爱的小姑娘正坐在床上接受治疗。经医生诊断，她患的是"重症联合免疫缺陷症"。此时已清楚此病的发病原因，即她的基因有缺陷，不能产生一种叫

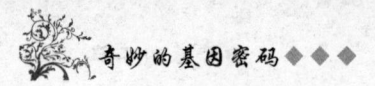

腺苷脱氨酸的酶，因此削弱了她的免疫系统，抵抗力很弱，极易受各种疾病的感染。按照以前的治疗手段，应该给这名小患者移植与她相配的骨髓，(骨髓移植的治疗方法非常有效，但有一个很大的困难，就是不容易找到一个与病人骨髓相配的捐献者。一般只有10%～15%的病人能从7.3万名捐献者中找到一个合适的人选，因此往往不能及时给病人进行治疗。) 但这次，医生没有采用移植骨髓的方法，而是采用新的疗法，即基因疗法。

小姑娘根本不知道，她正在创造历史，她是世界上第一个接受这种特殊的基因疗法的人。基因疗法的成功，迎来了医学遗传学的黎明。

过去，人们以为疾病都是由细菌或病毒等外部因素引起的，现在发现许多疾病是由人体内部基因的突变如缺失、重复等缺陷所引起的。由于遗传医学的发展，越来越多的遗传病的致病基因被人们所发现，为基因治疗提供了可能性。

进行基因治疗，首先必须提高基因诊断的技术，准确了解患者患了什么病，此病是在哪一条染色体上出现的。要知道基因是否出了毛病，就要知道正常的基因是怎样的。完成人类基因组计划，是开展基因治疗的前提。

其次，把正常基因导入细胞需要开发导入的手段和载体，这点非常重要。现在常用病毒作载体，费时费力，耗资又大，如果没有十分完善的设备，没有充足的经费，是难于进行的。为了使基因治疗成为切实可行的手段，科学家们正在开展更简便易行的方法，如肌肉注射、静脉注射、皮下或肌肉包埋等。近年来又出现了一种颗粒轰击系统的方法，即利用高压放电的方法将涂有目的基因的微细颗粒轰击到体内、皮肤表层中，或者通过小手术暴露出真皮、内脏器官或肿瘤，直接将正常基因导入。这种方法可以获得较长期的疗效。它的优点是"指到哪里，打到哪里"。

自1988年美国批准第一个向人体转入外来基因的申请报告以来，基因治疗的成果逐年增多。基因治疗研究的目标已从开始时的单基因隐性遗传病扩大到了恶性肿瘤、心血管病，甚至艾滋病的治疗。技术手段也从最初用正常基因替代"错误"基因发展为利用各种基因转移技术将各种目的基因（包括正常的、改造过的病毒基因）转入人体，以达到治病的目的。随着基因技术的飞速发展，基因在科学家的手中，将变得越来越灵巧，基因技术将在延长人类生命方面变得越来越重要。

基因延长生命的下一个研究目标是把目的基因打到尚未出现病症者的靶细胞上，把损害人类健康的基因病在其还没露头时就将其扼死，实现基因预防疾病的理想。

肿瘤也是基因医生们攻击的目标。肿瘤尤其是恶性肿瘤——癌，每年都要夺去成千上万人的生命。基因医生把一种叫肿瘤坏死因子（TNP）的基因，通过病毒载体转入从患者肿瘤中取出的淋巴细胞，在体外培养一段时间再输回患者体内，带着肿瘤坏死因子基因的淋巴细胞再次进入肿瘤，分泌肿瘤坏死因子便可杀死肿瘤细胞，使病人转危为安。

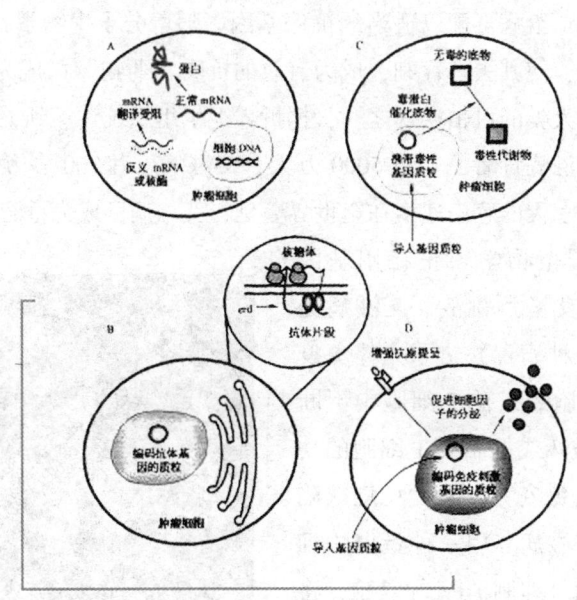

肿瘤基因治疗的4种主要途径

人们早就发现，许多病毒能有效地感染和裂解肿瘤细胞。病毒感染肿瘤细胞后，可通过增强免疫系统对肿瘤细胞的识别而增强免疫力。于是，人们开始实验用病毒治癌。病毒治癌成为基因治疗的一个重要内容。病毒可以对癌细胞造成2个方面的威胁：第一，病毒作为抗癌基因的载体，把抗癌基因转入癌细胞内，使癌细胞死亡。第二，病毒本身作为癌细胞的克星，可杀死癌细胞。病毒治癌的特点是，杀伤力强，一旦浸染癌细胞，可使其迅速裂解；特异性强，一些病毒浸染细胞是有严格分工的，如脊髓灰质炎病毒，只感染神经系统，肝炎病毒只感染肝脏，而且病毒基因的复制必须依赖被浸染细胞内 DNA 复制"机器"。当病毒作为抗癌基因载体进入癌细胞时，它多把抗癌基因插入癌细胞蛋白质合成的上游调控区，从关键部位阻止癌细胞生长，于是，一旦用基因工程改造好了的病毒进入癌细胞，它便发挥其以上特点，"咬住"癌细胞不放，利用癌细胞内 DNA 复制机器，大量增殖后代，使癌细胞很快裂解、死亡，而不会对周围正常细胞造成伤害。目前，有关病毒治癌的基因工程的研究工作，集中在修饰病毒的表面蛋白，使其对癌细胞有更强的亲和力，去除病毒中原有的致病基因，并根据癌细胞的特点给病毒配以适当的抗癌基因。随着分子生物学技术的完善，改造病毒基因，使其去弊存利，成为有效的抗癌"药物"已成为可能。

艾滋病是人类的可怕疾病之一，据世界卫生组织统计，到 1998 年为止，全世界感染艾滋病毒者已达近 5000 万人，艾滋病患者 800 多万人。现艾滋病正以 8500 人/天的感染速度在全世界蔓延，艾滋病已成为世纪瘟疫。

医学分子生物学家正在用基因"手术"刀向艾滋病挑战。艾滋病是由于 HIV（一种病毒）进入人体免疫细胞——T 细胞后，在 T 细胞中不断复制 HIV 而破坏或抑制了 T 细胞的功能，使人丧失免疫力，引发免疫缺陷综合症——艾滋病。用一种蛋白酶抑制剂基因药物可抑制 HIV 的复制，将这种蛋白酶抑制剂与其他抗艾滋病的药物混合使用，像勾兑鸡尾酒似地制成混合制剂，这是华裔美国科学家何

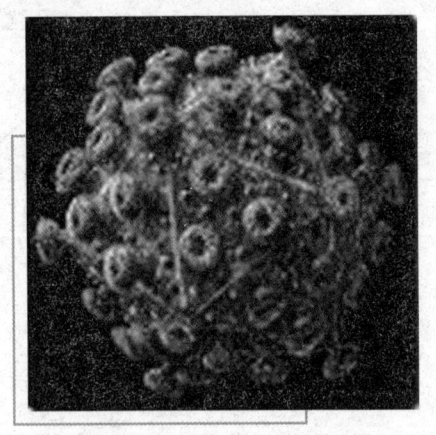

艾滋病病毒

大一首创的"鸡尾酒式疗法"，结果疗效较好，给人们带来艾滋病可治的福音。随后，科学家集中力量研究 HIV 侵入 T 细胞的途径，先后发现两种帮助 HIV 进入 T 细胞的分子：CD_4 分子和融合素分子。1996 年 6 月再次发现可阻止 HIV 侵入 T 细胞的 $CC-CKR_5$ 分子。用基因工程的方法，设计出一

种药物或疫苗,可以针对 CD_4 分子、融合素分子和 $CC-CKR_5$ 分子的特点而起到破坏 HIV 侵入 T 细胞的作用,这样就可以征服艾滋病了。目前这项研究正在进行。

阿尔茨海默病(老年性痴呆症)也是当前医学领域的一大难题,到 21 世纪中叶,老年痴呆症患者人数将在数百万人的基数上再翻三番。最近,科学家已从基因上找到老年性痴呆的发病原因。其一,患者的 B 糖原在神经细胞外凝结成块,这种凝结块破坏了神经元从血液中吸收营养,使细胞缺乏养料而枯竭。引起 B 糖原这种变异的基因已被破译;其二,一种叫 tau 蛋白的物质变异而引起神经元内细胞凝结,使脑细胞的新陈代谢功能发生紊乱,而影响 tau 蛋白变异的是一种早老性痴呆症的敏感基因 Apo-E4。若有人携带这 2 种基因,在他 70 岁之前发展为老年性痴呆症的可能性就很大。找到致病基因,便可针对有害基因设计出正常基因来抵消有害基因的表达。当找到老年性痴呆症的目的基因时,我们向老年性痴呆症"再见"的时间也就为期不远了。

自古以来,人们一直在追求"对症下药",而实际上,由于每个病人对药物的反应不同,对一些病人适用的药方,对另一些病人则可能无济于事。例如:美国每年就有十几万人死于药物不良反应,200 万人因服药而病情加剧。人类基因的破译,就可以使医生"看基因,开处方",大大减少失败的病例。人类告别疾病时代将不再是梦想。

基因工程疫苗

传统疫苗是将病原体(细菌或病毒等)进行弱化、钝化或灭活而制成的,其使用效果不理想并且不安全,而且有不少病原体不能用这些方法制造疫苗。20 世纪 70 年代以来,由于基因工程的成功应用,人们开辟了以基因工程技术生产疫苗的新途径,被称为第二代疫苗。

进入 20 世纪 80 年代以后,第二代疫苗的研究与开发越来越受到重视。这些疫苗是应用基因工程技术生产的,大体的步骤是将抗原体基因与一定的载体 DNA 分子重组,然后转入宿主细胞(如大肠杆菌),通过发酵生产疫苗。这种新疫苗产量大，成本低，现在，研制、开发和正在试验的基因工程疫苗不断取得进展。

美联社1981年9月2日报道，伦敦帝国癌症研究基金会的科学家利用基因工程技术制造了新的流感疫苗。其方法是，把流感病毒（抗原）基因插入细菌的遗传物质，并使细菌不断复制这种抗原物质，用来作为疫苗。这是较早的成功例子。

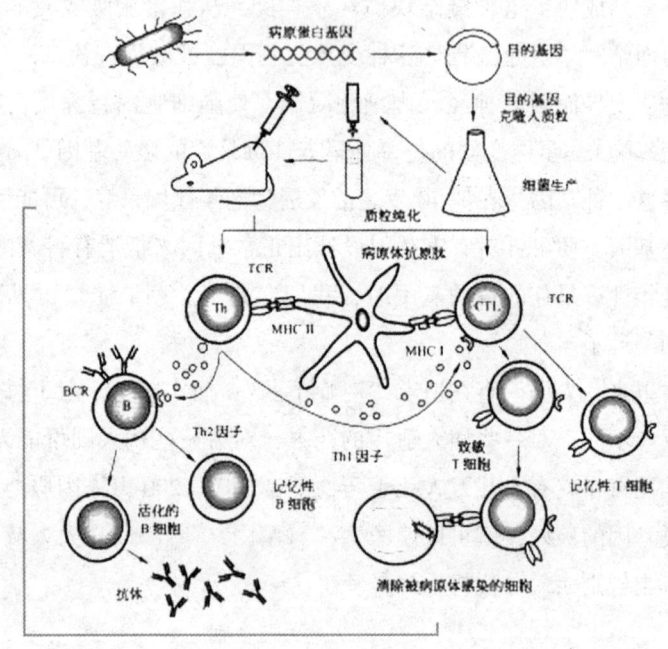

基因疫苗作用示意图

经过10多年的研究，纽约大学的研究人员1984年首先用基因工程技术制造抗疟疾疫苗，并取得进展。他们在疟原虫孢子周围的物质中辨认出了一种简单的蛋白，用基因工程技术分离了这种孢子周围的基因，并把这个基因转入大肠杆菌。它便大批生产孢子周围蛋白，用这种蛋白来生产抑制孢子发育的疫苗，预防疟疾。

澳大利亚科学家于1986年也取得了进展。墨尔本沃尔特和伊莱扎·霍尔医学研究所的一个试验小组发现，在被疟原虫感染的细胞表面存在着一种抗原。这种抗原称为里萨（RA-SA），已在实验室分离和复制出来，并作为新疫苗的主要成分。这个试验小组发现，人体免疫系统只对准里萨分子的非常小的区域。因此，这种疫苗能对人体产生强大而集中的免疫反应，从而使人体免受疟原虫感染。1986年9月澳大利亚科学家用这种疫苗在猴子身上试验获得了良好的效果，它使猴子免受疟疾感染。

20世纪90年代，基因工程疫苗的研究热点转向癌症疫苗和艾滋病疫苗，美、日、欧各国均投入人力物力在这些领域竞争，并已取得相当的进展。

第二代疫苗方兴未艾，人们又开始研制第三代疫苗——多价疫苗，即将多种疫苗集中一体，达到一针可预防多种传染病的目的。

美国纽约州卫生部两位科学家于1986年10月研制了一种多价疫苗，即把疱疹、肝炎和流感的病毒引入现有的天花疫苗，试图制造出防疱疹、肝炎和流感的疫苗。这种疫苗制造费用低廉，同时，只要对人注射一次这种疫苗，就能提供对好几种疾病的免疫力，预计多价疫苗将成为免疫技术的发展方向。

总之，尽管有些基因疫苗最终走向市场还需要进一步的研究和实验，但我们具有足够的理由相信，终有一天基因工程疫苗将成为疫苗大军中的一支主力军。

转基因食品

什么是转基因食品？所谓转基因食品，就是利用分子生物学手段，将某些生物的基因转移到其他生物物种中去，使其出现原物种不具有的性状或产物，以转基因生物为原料加工生产的食品就是转基因食品。通过这种技术，人们可以获得更符合人类需要的食品品质。例如西红柿非常不易贮藏和运输，科学家将一种能抑制西红柿体内成熟衰老激素基因的基因移植到西红柿细胞内，就培育成了耐贮转基因延熟西红柿。

从世界上最早的转基因作物（烟草）于1983年诞生，到美国孟山都公司研制的延熟保鲜转基因西红柿1994年在美国批准上市，以及我国水稻研究所研制的转基因杂交水稻1999年通过了专家鉴定，转基因食品的研发迅猛发展，产品品种及产量也成倍增长，有关转基因食品的问题日渐凸显。

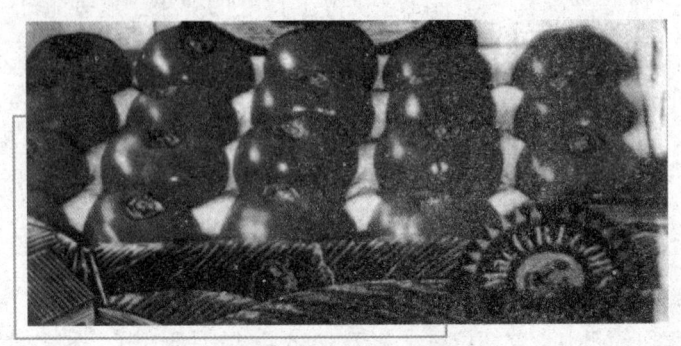

用基因技术培育出的西红柿

其实，转基因的基本原理也不难了解，它与常规杂交育种有相似之处。杂交是将整条的基因链（染色体）转移，而转基因是选取最有用的一小段基因转移。因此，转基因比杂交具有更高的选择性。

也就是说，通过基因工程手段将一种或几种外源性基因转移至某种生物体（动、植物和微生物），并使其具有效表达的相应的产物（多肽或蛋白质），这样的生物体作为食品或以其为原料加工生产的食品。

转基因食品有这么几类：

植物性转基因食品

植物性转基因食品很多。例如，面包生产需要高蛋白质含量的小麦，而目前的小麦品种含蛋白质较低，将高效表达的蛋白基因转入小麦，将会使做成的面包具有更好的焙烤性能。

番茄是一种营养丰富、经济价值很高的果蔬，但它不耐贮藏。为了解决番茄这类果实的贮藏问题，研究者发现，控制植物衰老激素乙烯合成的酶基因，是导致植物衰老的重要基因，如果能够利用基因工程的方法抑制这个基因的表达，那么衰老激素乙烯的生物合成就会得到控制，番茄也就不会容易变软和腐烂了。美国、中国等国家的多位科学家经过努力，已培

转基因玉米

育出了这样的番茄新品种。这种番茄抗衰老，抗软化，耐贮藏，能长途运输，可减少加工生产及运输中的损耗。

动物性转基因食品

动物性转基因食品也有很多种类。比如，牛体内转入了人的基因，牛长大后产生的牛乳中含有基因药物，提取后可用于人类病症的治疗。在猪的基因组中转入人的生长素基因，猪的生长速度增加了一倍，猪肉质量大大提高，现在这样的猪肉已在澳大利亚被请上了餐桌。

转基因微生物食品

微生物是转基因最常用的转化材料，所以，转基因微生物比较容易培育，应用也最广泛。例如，生产奶酪的凝乳酶，以往只能从杀死的小牛的胃中才能取出，现在利用转基因微生物已能够使凝乳酶在体外大量产生，避免了小牛的无辜死亡，也降低了生产成本。

转基因特殊食品

科学家利用生物遗传工程，将普通的蔬菜、水果、粮食等农作物，变

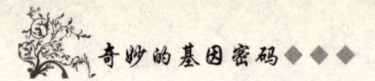

成能预防疾病的神奇的"疫苗食品"。科学家培育出了一种能预防霍乱的苜蓿植物。用这种苜蓿来喂小白鼠，能使小白鼠的抗病能力大大增强。而且这种霍乱抗原，能经受胃酸的腐蚀而不被破坏，并能激发人体对霍乱的免疫能力。于是，越来越多的抗病基因正在被转入植物，使人们在品尝鲜果美味的同时，达到防病的目的。

转基因食品虽好，但人们对它的安全问题充满了疑问。

其实，最早提出这个问题的人是英国的阿伯丁罗特研究所的普庇泰教授。1998年，他在研究中发现，幼鼠食用转基因土豆后，会使内脏和免疫系统受损。这引起了科学界的极大关注。随即，英国皇家学会对这份报告进行了审查，于1999年5月宣布此项研究"充满漏洞"。1999年英国的权威科学杂志《自然》刊登了美国康乃尔大学教授约翰·罗西的一篇论文，指出蝴蝶幼虫等田间益虫吃了撒有某种转基因玉米花粉的菜叶后会发育不良，死亡率特别高。目前尚有一些证据指出转基因食品潜在的危险。

但更多的科学家的试验表明转基因食品是安全的。赞同这个观点的科学家主要有以下几个理由。首先，任何一种转基因食品在上市之前都进行了大量的科学试验，国家和政府有相关的法律法规进行约束，而科学家们也都抱有很严谨的治学态度。另外，传统的作物在种植的时候农民会使用农药来保证质量，而有些抗病虫的转基因食品无需喷洒农药。还有，一种食品会不会造成中毒主要是看它在人体内有没有受体和能不能被代谢掉，转化的基因是经过筛选的、作用明确的，所以转基因成分不会在人体内积累，也就不会有害。

比如说，我们培育的一种抗虫玉米，向玉米中转入的是一种来自苏云金杆菌的基因，它仅能导致鳞翅目昆虫死亡，因为只有鳞翅目昆虫有这种基因编码的蛋白质的特异受体，而人类及其他的动物、昆虫均没有这样的受体，所以无毒害作用。

1993年，经合组织（OECD）首次提出了转基因食品的评价原则——"实质等同"的原则，即：如果对转基因食品各种主要营养成分、主要抗营养物质、毒性物质及过敏性成分等物质的种类与含量进行分析测定，与同类传统食品无差异，则认为两者具有实质等同性，不存在安全性问题；如

转基因水稻

果无实质等同性,需逐条进行安全性评价。

在我国,国家科委于1993年颁布了"基因工程安全管理办法",用于指导全国的基因工程研究和开发工作。2000年由国家环保总局牵头,8个相关部门参与,共同制订了《中国国家生物安全框架》。

不过,这几年转基因农作物发展十分迅速,全世界播种面积已经达到4000万公顷,转基因食品无论在数量上还是在品种上都已具了相当的规模。在美国,超过60%的加工食品含有转基因成分;英国的报告也显示,该国超过七千种的婴儿食品、巧克力、冷冻甜品、面包、人造奶油、香肠、肉类产品和代肉食品等日常必需品,可能含有经过基因改造的大豆副产品。

应该说,转基因作物的研制还是有着诱人的前景的。据联合国估计,全球约有八亿五千六百万人在遭受饥饿的折磨,换言之,世界上每6个人中就有1个缺粮。转基因技术能够培育出具有优良性状的农作物,大大增加粮食产量,从而使这种状况得到根本缓解。另外,过量施用农药和化肥带来的后遗症日渐突出,而且它们造成的污染用传统的手段很难治理,这也是一个令各国都非常头疼的问题。如果利用转基因技术培育出抗病、抗虫害的农作物,这一难题就有了解决的希望。

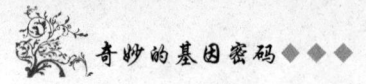

基因农业

农业将随着基因技术的应用,向着优质高产、无污染、无病虫害、高效益的绿色生态农业发展。基因工程将层出不穷地培育出动植物新品种,各种小麦、水稻、玉米等作物不仅高产、抗逆性强、能固氮,还含有比大豆、花生更丰富的蛋白质;土豆、甘薯不仅抗病虫害,还含有与肉类相当的蛋白质;五颜六色的蔬菜不但抗病虫,而且需要什么时候成熟,就能什么时候成熟上市,四季均可供应;高产抗病虫害的粮食和棉花等作物均能在盐碱地和干旱地区生长,使荒地变良田。将来的烟草不再含尼古丁,制成的香烟无毒害,而且烟草还可成为蛋白质的重要来源;今后的新甜料(甘蔗、甜菊等)含热量低,将为不宜食糖的人带来甜蜜。大田里将大量种植生产石油、酒精、塑料和医用药物的作物,成为工业能源和原料的基地;工厂里用水果的果肉细胞进行培养,只长果肉,不长果皮,更不需要长根、茎、叶,直接就可以制成鲜美的果酱和果汁饮料。脱毒快速的组织培养技术,将为大地绿化、美化提供大量特优、抗逆性强的花草、果木和树苗。更引人注目的是育种工作者利用DNA重组技术,把所需的性状直接地"设计"入种子,用这种方法培育的多个植物常被称为转基因作物,可以使自然界中不可能发生的杂交成为可能,使新的作物带有多种优良性质。

基因技术、胚胎工程将使家畜、家禽的肉、蛋、奶产量成几倍、几十倍地增长。一头优良种公牛可使10万头母牛怀胎;优质奶牛的产乳量成倍增长,奶牛饲养量可大幅度减少;从一个小小的胚胎可以繁殖出一大群几乎一模一样的高产牛(羊、猪)来;"超级动物""微型动物"都可以按人的需要选择饲养;借胎生子,可使数十种频于绝种的大熊猫、金丝猴等珍稀动物继续繁衍后代。21世纪,基因移植将改变某些动物的受精方式、动物外形和活动规律,一些性状不同于现有的家畜、家禽、鱼类将陆续问世。基因重组的微生物能在发酵罐里生产出不带壳的鸡卵清蛋白,产量比母鸡要高出许多倍;牛羊等"动物制药厂"能生产人类蛋白、激素、抗体等产品,将成为医治人类疾病的重要药物;在发酵罐里合成的纤维和蚕丝,将成为人们生产时装面料的最新原料。

现在甚至有的人设想，如果把固氮细菌里的遗传基因转移到动物和人体肠道微生物（如大肠杆菌）细胞里，让这些肠道微生物也有固氮本领，制造氨基酸，那就可给动物和人提供营养，减少动物和人对蛋白质的需要量。当然，实现这一设想将比植物固氮研究更困难，要走的道路更加漫长。

基因技术与其他高技术结合将开辟农业的新领域。例如，人类根据从太空飞行所获得的有关火星的各种数据，现在已能够用基因工程方法培养出所需要的微生物，可以让它们去"吃掉"火星上的一氧化碳并释放出氧气，使火星能够逐渐变成适合于我们人类生存活动的新天地。目前，科学家们正在实施对火星进行探测的计划，搜集更多的数据，以判定对火星播种地球生物的可行性，如果这种设想能实现，不超过几代人的不懈奋斗，就有可能实现我们人类谋求到其他星球上开辟生存空间的最大的追求和希望。

抗病虫害的农作物

提高农作物品种抗病虫害的能力，既可减少农作物的产量损失，又可降低使用农药的费用，降低农业生产成本，提高生产效益。

目前，人们已经发现了多种杀虫基因，但应用最多的是杀虫毒素蛋白基因和蛋白酶抑制基因。杀虫毒素蛋白基因是从苏云金芽孢杆菌（一种细菌）上分离出来的，将这个基因转入植物后，植物体内就能合成毒素蛋白，害虫吃了这种基因产生的毒素蛋白以后，即会死亡。目前已成功转入毒素蛋白基因的作物有烟草、马铃薯、番茄、棉花和水稻等，正在转入这个基因的作物还有玉米、大豆、苜蓿、多种蔬菜以及杨树等林木。

转基因抗虫作物，效果最大的当数抗虫棉。说起棉花，大家都知道它又白、又轻、又软，做成的棉被盖在身上，暖暖的。

棉花收获季节一到，棉田里就盛开着一朵朵的棉花，远远望去美极了。然而，棉花也有天敌，一旦被棉铃虫侵害，棉花就会变黄、发蔫，甚至无法开花、吐絮，造成棉田减产，棉农减收。拿我国来说，自1992年以来，河北、山东、河南等棉区棉铃虫危害极为严重，全国每年直接损失达60亿~100亿元。因此,如何治理棉铃虫成为了我国农业工作者的一件大事。

许多年来,为了防治棉铃虫,人们主要靠喷施化学农药。这种方法虽然有一定的防治效果,但也存在着害虫产生抗药性的缺点。有些地方农民们喷洒农药甚至把药水往虫子身上倒,可虫子仍然不死,虫子把棉花的花蕾、棉桃和叶子照样吃个精光。另外,喷施农药对人体有害,容易中毒,况且对环境也有严重的污染,因此,不提倡使用农药。

1997年,美国种植了抗虫基因棉100多万公顷,平均增产7%,每公顷抗虫棉可增加净收益83美元,总计直接增加收益近1亿美元。我国是世界上继美国孟山都公司后第一个获得抗虫棉的国家。我国的抗虫棉的抗虫能力在90%以上,并能将抗虫基因遗传给后代。我国的抗虫棉已进入产业化阶段,生产面积已有6.7万公顷,如果全面推广,每年可挽回棉铃虫造成的经济损失75亿元。

利用植物基因工程不仅可以治虫,而且还可以防病。你知道吗?作物在它的一生的生长历程中还会受到几十种甚至上百种病害的危害。这些病害包括病毒病、细菌病以及真菌病。作物感染病害以后将给生产带来极大的损失。如水稻白叶枯病,它是我国华东、华中和华南稻区的一种病害,由细菌引起,发病后轻则造成10%~30%的产量损失,重则难以估计。

为了培育抗病毒的转基因作物,我国科学家将烟草花叶病毒和黄瓜花叶病毒的外壳蛋白基因拼接在一起,构建了"双价"抗病基因,也就是抵抗两种病毒的基因,把它转入烟草后,获得了同时抵抗两种病毒的转基因

抗病毒转基因农田

植株。田间试验表明，对烟草花叶病毒的防治效果为100%，对黄瓜花叶病的防治效果为70%左右。目前，我国科学家还通过利用病毒外壳蛋白基因等途径，进行小麦抗黄矮病、水稻抗矮缩病等基因工程研究，并取得了很大进展。

今后，农民们种庄稼不治虫、少施农药的日子为期不远了。

抗病毒作物

利用植物基因工程来防治病毒害，目前已取得了令人瞩目的成就，主要有以下方法：

向植物中转入病毒的外壳蛋白基因

人们早就知道，接种病毒弱毒株能够保护植物免受强毒株系的感染，就像人接种牛痘可免除天花病毒感染一样。这种在一种病毒的一个株系系统地浸染植物后，可以保护植物不受同种病毒的另一亲缘株系严重浸染的现象，就是人们常说的交叉保护作用。近年来，人们通过基因工程方法来实现交叉保护。

1985年，美国科学家设想将病毒的外壳蛋白基因转入植物基因组中，看其是否能产生类似交叉保护的现象。他们将烟草花叶病毒的外壳蛋白基因转入烟草细胞，转基因植物及其后代都高水平地表达了外壳蛋白。这些植株有明显的抗病性，甚至还可以有效地减轻和延迟另一种相关的烈性病毒株的病症。在接种了烟草花叶病毒以后，转基因番茄只有约5%的植株得病，几乎不减产，而对照植株的发病率为99%。最近两年的田间试验进一步证实，用这种基因工程方法培育的番茄和烟草对病毒防效显著。转基因植物未见产量降低，而对照组产量损失高达60%。

我国科学家将烟草花叶病毒和黄瓜花叶病毒外壳蛋白基因拼接在一起，构建了"双价"抗病基因，转入烟草获得了同时抵抗两种病毒的转基因植株。田间试验中对烟草花叶病毒的防治效果为100%，对黄瓜花叶病毒为70%左右。我国的科学家还通过外壳蛋白基因途径，进行小麦抗黄矮病、水稻抗矮缩病等基因工程研究。

美国国家科学院1992年公布谷禾类作物病毒外蛋白技术已获得成功。他们从2个日本水稻品种中分离出未成熟植株的细胞团，这种细胞团能长成植株，并能合成抗水稻条纹叶枯病毒的外蛋白基因。为了检验这种外蛋白究竟能否使植株抗水稻条纹叶枯病毒的浸染，他们在31株含有外蛋白的水稻植株和17株缺少外蛋白的对照水稻植株中，接种带病毒稻褐飞虱，结果80%的对照植株

转基因抗虫杂交棉

出现了病毒症状，而通过遗传工程培育的稻株仅有20%~40%受浸染。

到目前为止，已有烟草花叶病毒、苜蓿花叶病毒、黄瓜花叶病毒、烟草脆裂病毒、马铃薯X和Y病毒、大豆花叶病毒等的外壳蛋白基因在烟草、番茄、马铃薯和大豆中得到表达。这些转基因植株都获得了阻止或延迟相关病毒病发生的能力。

向植物中转入病毒的卫星RNA基因

有些种类的病毒是带有卫星RNA的。"卫星RNA"通常用以称呼这样一类病毒或核酸，它们特异地依赖于某种病毒进行自身的复制，但它们本身却不为后者的复制所必需，故人们称之为"卫星RNA"，称卫星RNA所依赖的病毒为"辅助病毒"。一些研究者认为，卫星RNA是一种"病毒的寄生物"。有些卫星RNA可干扰辅助病毒复制，并抑制病毒病症的表现。

1986年英国科学家首次将黄瓜花叶病毒卫星RNA反转录成DNA，然后导入了烟草植株中。这些烟草及其有性繁殖子代在受到黄瓜花叶病毒侵害时，显著地抑制了病毒在植株中的复制，大大减轻了病症的发展。在该种

转化植株受到番茄不育病毒———一种与黄瓜花叶病毒密切相关的植物病毒的攻击时,虽不能减少番茄不育病毒基因组 RNA 的合成,却可通过诱导卫星 RNA 的合成而使病症得到明显的缓解。上述结果表明,利用卫星 RNA 产生的遗传性保护是诱导及增强农作物对病毒病害抗性的一种有效的策略。

此后,澳大利亚的科学家也报道将烟草环斑病毒卫星 RNA 导入烟草,获得了对烟草环斑病毒具有抗性的转基因植株。对照烟草在接种上述病毒后 1 周,出现典型的、具有严重坏死中心的环斑局部病变;接种后 6 周,所有的新生叶片均表现出严重的全叶症状,植株生长受阻;6 周后,新叶变小,表现出烟草环斑病毒感染的特征性斑驳症状。在转化植株上,病症的出现要比对照植株晚 1~2 天,病斑中心仍保持着绿色,无坏死现象。在感染病毒后 3 周新叶仍无明显病变,5~16 周后,在某些新叶上有些轻微的全叶反应。转化植株的叶片大小正常,长势较对照植株更旺盛,在接种病毒后 10 周还开了花。

利用植物自己编码的抗病基因

有些植物品种或株系在受到病毒浸染时能表现出一定的抵抗能力。最显著的例子就是有的番茄品种能够抵抗番茄花叶病毒的浸染,还有许多植物(如烟草、番茄、菜豆等)在受到病原真菌、细菌、病毒或逆境诱发后体内能产生多种蛋白,一旦将来克隆到了植物本身抗病毒的抗原基因,那将是最佳的抗病毒基因工程途径之一。

抗真菌植物

真菌病害是作物损失的主要原因之一。过去对植物真菌病害的控制方法有:一是培育抗性品种;二是施用化学杀菌剂;三是采取预防措施,如轮作,避免受浸染土壤和带病原植物材料的传播等。然而,抗病育种所需时间长,难以对新的致病小种作出及时反应,化学杀菌剂成本高,且最终导致病原菌的抗药性,其残毒还引起环境污染等问题。

近年来,一些科学家致力于利用基因工程方法,如基因转移技术,培育不需要或只需要少量化学药剂的作物品种,为植物真菌病害的防治开辟了新的途径。

德国科学家在烟草中成功地引入了一种真菌抗体。迄今只在花生、松树和葡萄藤蔓中发现有这种抗体。葡萄可利用这种抗体抗御灰霉菌的浸染，烟草由于无此种抗体则受感染严重。为了使烟草植株也能产生这种抗体，研究人员在花生基因库中找到了表现这种抗体的组合基因，并把它取出转移到烟草植株体内。半年后，他们在受体细胞质中找到了该种抗体。试验表明，转基因后的烟草植株对灰霉菌具有较强的抗性。除此之外，他们还计划将表达这种真菌抗体的组合基因引入到马铃薯、番茄和油菜等作物。

一些植物中，植物抗毒素通常在局部合成，并在面临病原菌或环境胁迫后积累。这表明植物抗毒素的产生可导致对某些病原菌的抗性。例如，葡萄中植物抗毒素白藜芦醇的存在与对灰质葡萄孢的抗性有关，将花生的编码白藜芦醇合成的关键酶——芪合酶的基因转入烟草，其在转基因烟草中的构成性表达引起白藜芦醇的合成，且转基因植株的抗灰质葡萄孢浸染的能力比对照植株的强。

植物界大量存在具有离体抑制真菌生长增殖能力的蛋白质，相应基因在转基因植物中表达可使这些植物产生抗真菌性。

研究发现，几丁质酶和 B-1, 3-葡聚糖酶位于植物细胞的液泡中，它们能催化许多真菌细胞壁主要成分——几丁质和葡聚糖的水解，从而抑制真菌的生长繁殖。所以，这两种酶是许多真菌生长的有效离体抑制物，两者协同作用，联合形成很强的抗菌活性。

美国科学家将一种高度活性的能激发植物体内几丁酶合成的源基因引入菜豆，取代了菜豆本身的该基因，以增加植物的几丁酶基因的表达，从而增强对真菌病原体的抗性。试验结果表明，含有外源基因的转基因菜豆植株比未转化植株产生的几丁酶多，对引起幼菌猝倒病和根腐病的丝核菌的抗性也有所增强。此外，将菜豆内生几丁质酶基因导入烟草植株，植株对立枯丝核菌的抗性就会增强。

抗旱作物

至今，世界上已经分离出一些抗旱基因。例如，美国科学家发现苔藓

(地衣)拥有高度耐旱的基因,只要在干枯苔藓上滴几滴水,它就会很快恢复生机。他们指出,利用这些非作物基因,改良重要的、有经济价值的作物,使它们真正地耐旱,能在严重的沙漠类型干旱下生存,并培育出当前短缺的、在少雨条件下生长的作物,是非常有前景的。其他科学家在珍珠粟中发现了一种耐旱基因,称作TR。该基因可使珍珠粟叶片产生一个厚厚的蜡层,防止水分散失,在干旱条件下可使珍珠粟增产25%以上。

现在,在一些作物上已经实现了抗旱基因转移。美国科学家从一种细菌上分离出抗旱基因,并将其转入植株中,获得了抗旱转基因棉花。

脯氨酸能抑制植物细胞向外渗漏水分,小黑麦、仙人掌由于含脯氨酸合成酶基因,故能在干旱地区生长。美国斯坦福大学的科学家正在研究将仙人掌的抗旱基因转入大豆、小麦、玉米等作物中,以培育耐旱作物品种。

抗盐作物

早在20世纪80年代,科学家们就从红树林及各种海洋植物中得到启示:它们之所以能在海水浸泡的"海地"中生长,主要原因是它们为喜盐、耐盐的天然盐生植物。

抗盐作物红树林

于是,科学家们"顺藤摸瓜",运用基因工程技术,从种子基因到生态环境进行研究,结果发现它们的基因与陆地甜土植物不同,而正是这种独特的基因,使它们成为盐生植物,适应海水浸泡和滩涂的生态环境。

据此,科学家认为人类一定有办法找到或培育出适应海水灌溉的农作物。

1991年,美国亚利桑那大学的韦克斯博士,完成了一种耐寒内质盐生物——盐角草属的杂交试验。

紧接着,他又潜心研究高粱种子基因,使它适应咸土的生态环境。

韦克斯博士认为,在现有粮食作物中,高粱生长速度快,根须多,水分吸收快,只要解决耐盐性问题,海水浇灌或咸土栽培均有可能。

无独有偶,美国农业部的土壤学家罗宾斯也在打高粱的主意。他将高粱与一种非洲沿海盛产的苏丹杂草杂交,结果成功地培植出一种独特的杂交种——"苏丹高粱"。这种粮食作物的根部会分泌出一种酸,可快速溶解咸土土壤中的盐分而吸收水分。种植这样的农作物,采用海水浇灌后,海水中的盐分会自然被溶解掉,而不至于影响高粱的生长。当然,这一美好愿望的实现,仍是借助于植物基因工程的帮忙。

以色列的厄瓜多尔加拉帕海岸,生长着一种番茄,它的个小味涩,口质很差。但以色列科学家从这种耐盐西红柿中提取出了耐盐基因,将它整合到普通西红柿的种子中,通过精心培育,竟培育出了味美、个大、品质优良的耐盐品种,为充分利用海边盐碱地开辟了广阔的前景。

英国科学家则将生长在盐碱地上冰草的耐盐碱基因,转移到了小麦的染色体结构中,培育成了适合在盐碱地种植的小麦—冰草杂交种。这个杂交种适合于亚洲、中东和澳大利亚。

与杂草"势不两立"的作物

草和庄稼一起生长,共同生活是避免不了的。杂草的生长,会使作物大幅度减产。以大豆为例,若不锄草,大豆的产量就会减少10%。以每公顷产大豆1300千克计算,每公顷因草害将少收大豆130千克,那么我国种植大豆750万公顷,如果不锄草,每年将少收9.7亿千克的大豆,价值近10亿元,这是一项多么大的损失,消灭田间杂草就成为农业科学家们攻克的目标。

经过人们的长期探索，发现有些药品能杀灭杂草。农民们只要向农田喷洒一些化学药剂，杂草就会被消灭。但是，人们很快发现，有的除草剂虽然能有效地杀灭杂草，但对农作物也有不同程度的危害；有的除草剂虽然对农作物没有危害，也能有效地杀灭杂草，但它在土壤中的残留期太长，严重影响了作物的倒茬轮作。比如有一种除草剂不危害玉米，但对这块田里的轮作物——大豆有毒害作用。另外，长期使用除草剂也可使杂草具有抗除草剂的能力。

基因工程的兴起，使上述问题的解决有了希望，人们看到了曙光。人们设想，向作物导入抗除草剂的基因，获得抗除草剂的转基因作物，这样就可以使作物不再受除草剂的伤害了。于是，几乎世界各国都开始重视这项技术的研究。现在，已有抗除草剂转基因植物约20多种，它们给农业生产带来了巨大便利。

会"发光"的奇异植物

在自然界，能发光的生物有某些细菌、甲壳动物、软体动物、昆虫和鱼类等。在深海中约99%的动物会发光，它们形成了独特的海底冷光世界。但植物也能发光吗？答案是肯定的。

凡是到过美国加利福尼亚大学参观的人们，总是要到该校的植物园去领略一番那里的奇妙夜景。

这是为什么呢？

原来，加利福尼亚大学的植物园内，种植着几畦奇异的植物，每当夜晚降临时，人们就会看见一片发出紫蓝色荧光的植物。这是加利福尼亚大学的生物学家们，利用基因工程的方法制造出来的一种能从体内发射荧光的神奇烟草。这种"发光"烟草又是怎么培育出来的呢？

科学家们曾对萤火虫的发光机理进行了深入研究，了解到萤火虫发光是发光器中的荧光素在荧光酶的催化下发出的间歇光。荧光素与荧光酶都是由发光基因"指挥"下合成的，然后由调控基因发出光反应信息。于是，科学家们便把发光基因从萤火虫的细胞中分离出来，再转入烟草体内，这样便培育出能发射荧光的转基因烟草。

英国爱丁堡大学已将发光基因分别转给棉花、马铃薯和青菜,培育出了各自发光的植物。日本科学家还计划培育发光菊花和发光石竹花,人们不仅在白天可以看花卉的美丽花朵,而且到夜晚还可以欣赏花卉发出的熠熠光彩。美国人还计划培育出发光夹竹桃,将来种植在高速公路两旁,白天作行道树,夜晚作路灯。到那时,每当夜幕降临,公路两旁的夹竹桃荧光闪闪,树树相连,灯灯相通,那将变成一个美丽的荧光世界。

更有趣的是美国的海洋生物学家,在美国东南海域温暖的海水中发现了一种能发出蓝光的海蜇。这种海蜇体内有一种特别基因。当海蜇受到其他生物侵

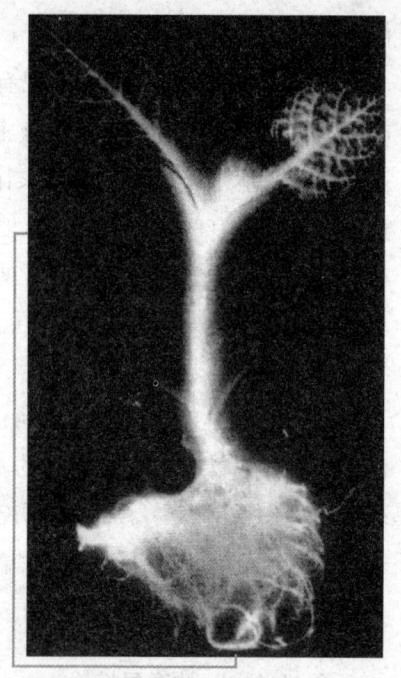

转基因植物竟能发光

袭时,细胞释放出的钙便与这种特别基因"联姻",此时身体就会发出蓝光。这种奇妙的现象,启发了英国的科学家把海蜇的特别基因移植到烟草上。结果,当生长的烟草受到各种"压力"时,也会发出蓝光。在此基础上,他们又先后在小麦、棉花、苹果树等植物上移植了"发光基因"。这样,在大田中,作物一旦受细菌、害虫或寒冷、干旱等侵害时,便会发出蓝光。这种"发光基因"极为微弱,只有通过特别的仪器才能观察到。一旦发现蓝光,人们可以立即采取措施。这样一来,就减少了施肥、用药、灌溉的盲目性,降低了农作物的生产成本。

花卉的多彩世界

在五彩缤纷的花丛中,艳丽芳香的花朵不仅使人陶醉,还使人感到心旷神怡。但在百花丛中,你见过蓝色的玫瑰吗?自然界中的玫瑰有着各种不同的颜色,如红玫瑰、白玫瑰、黄玫瑰,却没有蓝玫瑰。为什么玫瑰不

能开出蓝色的花朵来呢？而像矮牵牛等植物却能开出各种各样，其中包括蓝色的花朵呢？

多彩花卉

我们知道，植物的花色是由植物能够合成的那种花色素决定的，植物的花色素的合成涉及许多种酶的作用。因此，在运用基因工程的方法对那些与色素有关酶的基因进行操作时，有的花色素的合成涉及酶的基因数较少，易于操作，有的花色素的合成涉及酶的基因较多，不易操作。像蓝色素的合成是由多种酶控制的，而且还与细胞中的酸碱度有关，因此利用基因工程方法培育蓝色花卉就比较复杂。现在，经过科学家们的辛勤劳动，已经培育出来了一朵朵绚丽的蓝色玫瑰。

现在，在花卉优良品种的培育方面，基因工程发挥着越来越大的作用，人们培育出了许多用传统的园艺技术难以获得的品种，如橙色的矮牵牛等。另外，现已成功地将外源基因转入玫瑰、矮牵牛、康乃馨、郁金香、菊花等重要的花卉植物。我们有足够的理由相信，基因工程会给我们带来一个更加绚丽多彩的世界。

含有疫苗的蔬菜和水果

在人的一生中，为了防治传染病，从小就要打预防针。例如，刚出生

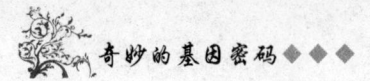

的婴儿要注射预防肺结核菌的卡介苗、预防乙型肝炎的乙肝疫苗。以后3个月到15岁之间，陆续还要吃小儿麻痹糖丸预防小儿麻痹症；注射三联菌苗，预防百日咳、破伤风和白喉；注射预防麻疹的疫苗等等。

科学家们设想，是否可以培育一些带有疫苗的水果、蔬菜，这样不就可以免受打针之苦吗？

人们天天都要吃水果、蔬菜，如果将普通的水果、蔬菜或其他农作物，改造成能有效地预防疾病的疫苗，到了那个时候，对某些疾病的预防，将变得非常简单，保健便成了一件轻松的事，只要吃一个西红柿、苹果、鸭梨或一碟冷盘就可以解决问题了。

科学家们的幻想，有的已成了现实。他们正在试验利用香蕉携带乙肝疫苗来预防乙型肝炎，这样一来，人们只要吃一根香蕉就可以达到预防乙肝的目的了。另外，有的科学家正在培育防止霍乱产生的转基因苜蓿。他们将霍乱的抗原基因导入苜蓿中，当人们食用这些转基因苜蓿以后，就可以获得对霍乱的免疫力。苜蓿苗不仅物美价廉，而且可预防霍乱，一举两得。现在人们正在试验的还有可防龋齿的烟草、防止白喉的土豆等。

培育食用植物疫苗有许多好处，它不仅能够提高人们的保健水平，而且不需要注射器，不但可以免受打针之苦，还可以避免注射器传染疾病的危险。

转基因动物

早在1981年美国《华盛顿邮报》报道，美国和德国的两位科学家成功地完成了哺乳动物的基因移植；美国一个科学研究小组首次把产生血红蛋白分子的兔子基因插入到老鼠体内，结果有46只老鼠生下了后代，其中5只小鼠红细胞里含有兔子的血红蛋白；特别是1983年，美国宾夕法尼亚大学的布恩斯特和华盛顿大学的帕尔米特从大鼠体中取出了大鼠生长素基因，用基因重组的方法把这一基因注入小鼠的受精卵内，他们一共注入了170个受精的小鼠卵细胞，然后再把这些卵细胞移植到雌性小鼠子宫内孕育，结果出生了21只小鼠，其中7只小鼠长得比一般小鼠大一倍。经分析，这7

只小鼠体内的生长素比一般小鼠高800倍,其中1只老鼠还能把移植的基因传给后代。"超级鼠"培育的成功,虽然没什么实际应用价值,但说明人类可以通过遗传操作对动物进行重大改造,从而创造出高大的牲畜或奇异的动物。

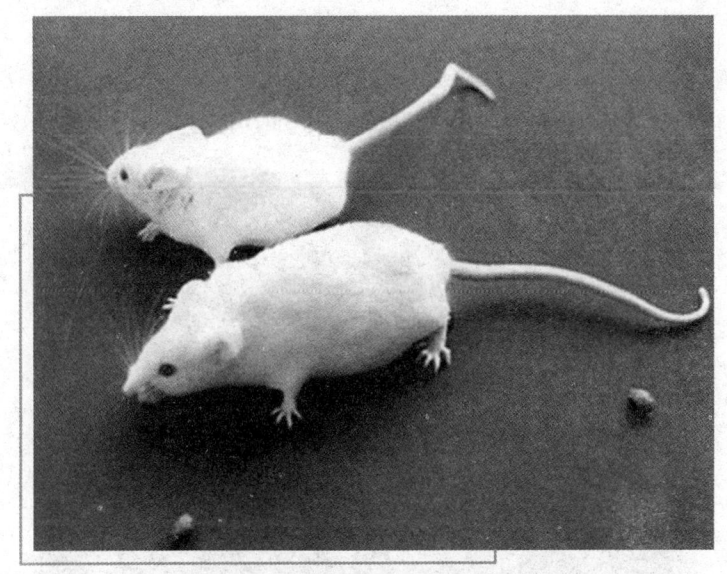

转基因超级鼠

"超级鼠"的问世,激发了人们把大型动物的生长基因引入小型动物体内,培育一些巨型动物品种的欲望。于是人们相继开展了猪、兔、鸡、羊、牛等的转基因研究,而且都取得了令人鼓舞的进展。例如,澳大利亚培育出一种转基因的"超级猪",体形大,生长快,瘦肉率提高10%~15%;还有一种带牛基因的猪,个头大,长得快。我国科学家利用动物精子作生长素基因载体,也就是对精细胞经过外部处理,让它吸附外源DNA,再进行受精,这样可以把外源基因带入受精卵细胞中而获得表达。采用这种新技术已培育出转基因鱼、转基因鸡和转基因猪。我国转基因鱼的研究水平已居世界领先地位。中国科学院水生生物研究所的科学家们首次运用显微注射方法,成功地将人的生长素基因导入了鲫鱼受精卵里并且得到了表达。以后,他们又获得了生长特别快的转基因泥鳅,其中个别泥鳅生长速度比一般鱼快3~4倍。继我国之后,世界上又有20多个实验室开展了这方面的研究。1988年美国科学家将红鳟鱼的生长素基因导入鲤鱼受精卵，发育成的转基因鲤鱼比一般鲤鱼生长速度快近20%。近年来，中国科学院水生生物研究所的科学家们又把人的生长素基因转入鲤鱼受精卵，经检测，孵化出的小鱼中50%在血液中含有人的生长激素基因。培育出的转基因鱼生长速度快，有一条在9个月后比对照组的鱼重1.5千克。目前，我国育成的转基因鱼有红鲤鱼、普通鲫鱼、银鱼、白鲫和红鳟鱼等，转基因鱼一般比非转基因鱼生长速度快10%～15%，现在已传到了第5代。

转基因鱼

1999年5月14日，美国夏威夷大学的安东尼·佩里教授宣布，他用一种新技术已培育出一种会发出绿色光的老鼠。

佩里采用的新技术是，先把老鼠的精液冻干，然后把一种来自水母的基因（这种基因能够发出绿色的荧光）置入精子中去，最后把改变了的精子注入老鼠的卵中，再利用胚胎移植技术，将受精卵发育的胚胎放置在雌性老鼠的子宫内，孕育成老鼠。

研究者在实验室制取的胚胎中，有多达80%的胚胎含有发绿色荧光的基因，但是其中只有1/5的胚胎实现了妊娠并表现出这种基因的特征。不过，采用这种方法有 20% 的总体成功率，与目前所使用的方法相比，已经高出很多了。利用这种技术所传递的基因还可以遗传给以后的子代，也就是发绿色荧光的老鼠，其后代也会发绿色荧光。

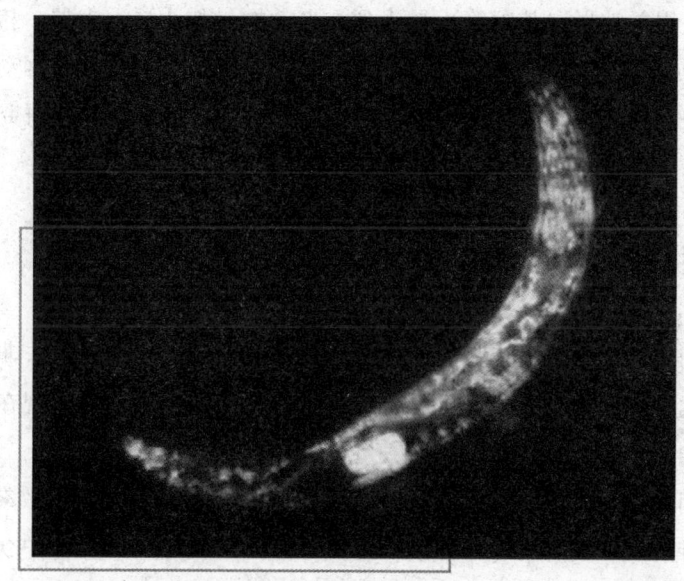

转基因线虫 GFP

其实，发光的基因可以作为一种标记，将它与其他有用基因接在一起后，再转入其他受体动物时，如果这个动物会发出荧光，说明转基因成功了。利用这种方法可以培育带有人类基因的老鼠，从而能够在类似于人类的实验对象身上试验新药。

1999 年 3 月 18 日出版的《基因和发育》杂志上报道说，日本研究人员已经利用基因工程技术使蚕吐出了彩色的蚕丝。

京都大学的科学家们用一种基因改性昆虫病毒感染了蚕的幼虫。这种病毒携带一种丝蛋白基因，但是这种丝蛋白基因经过了加工改造，其中含有来自水母的绿色荧光蛋白质基因的信息。

病毒感染幼虫细胞之后，就嵌入蚕的 DNA 中，用改造后的基因取代蚕的正常基因。但蚕吐丝时这种丝是一种能够在黑暗中发绿色荧光的纤维。

利用这项研究成果人们有可能通过培育蚕来生产有重要工业用途的蛋

白质，比如蜘蛛丝蛋白，它是制造防弹背心和降落伞所用纤维中的必要成分。

目前，人们利用转基因技术，已将许多来源不同的外源基因（如生长素基因、绵羊乳蛋白基因等）导入到许多动物（如小鼠、大鼠、猪、牛等体内），成功地培育了数万只转基因小鼠和家畜。虽然有的转基因动物还存在某些缺陷或问题，如常得病或表现不育甚至死亡等，但这些研究工作的应用前景十分诱人，人们幻想的"大象猪"的诞生已为期不远了。

动物制药厂

人们早就设想利用转基因动物生产药用蛋白，这样可以省去非常复杂的工厂化生产，既省人力又节约资源，具有光明的发展前途。现在已有不少成功的例子。

人们最早是在转基因鼠中表达了药用蛋白，包括人的生长激素、人的组织纤维溶酶原激活剂（一种溶栓药）等。但是从老鼠的乳汁中获得这类用于人体的药用蛋白，一方面产量很低，另一方面人们心理上也难以接受食用老鼠的乳汁。于是科学家们开始把羊作为最佳选择，目前在家畜中表达药用蛋白基本上都是在转基因羊中获得的。

对于绵羊、山羊所进行的转基因研究，大多集中于利用它们的乳腺作为生物反应器生产药用蛋白。虽然绵羊、山羊的产奶量比奶牛低，但它们每年也能生产几百升奶，同时，转基因羊比转基因牛更容易获得。

最早在1991年，英国科学家怀特等人首先将抗胰蛋白酶（ATT）基因通过显微注射转入绵羊，最终获得了4雌1雄共5只转基因绵羊，4只雌绵羊都生出了杂合体羊羔，经过进一步交配获得了纯合的转基因绵羊。这4只雌绵羊产奶期产生的乳汁中均含有ATT，而且含量很高，每只绵羊在产奶期可产奶250~800升。由此可见，利用转基因动物生产药用蛋白有巨大的潜力，生产出的ATT可用于治疗遗传性ATT缺乏症及肺气肿。

我国科学家在培育转基因羊方面作出了重大贡献。1998年上海医学研究所采用显微注射受精卵移植的方法，将人凝血因子Ⅸ基因整合在山羊体内，从实验的119只山羊中，最后获得了5只能产生凝血因子的转基因山羊。凝血因子IX是人体正常凝血功能必需的凝血因子，如果缺了这种因子，人体血管破裂就会血流不止，不能凝固，因此它是治疗血友病的有效成分。上海医学研究所转基因山羊的培育成功，不仅在医学上有重要的价值，而且建立起来的转基因新技术路线预示着我国在建立"天然动物制药厂"中走在了世界前列。

中国的转基因羊

除了转基因羊以外，将猪作为活的生物反应器的开发显示了更为美好的前景。早在1987年，美国一家公司就开始培育能够生产人的血红蛋白的转基因猪。转基因血红蛋白中不含病原体，输血时无需作血型分析和匹配，而且有效放置时间较长（42天），作为人血的理想替代品，其经济效益是很大的。该公司在1992年已得到近10头这种转基因猪，他们采用离子交换层析法，可从转基因猪的血中收到95%的人血红蛋白。

最近，科学家们又有了一个大胆的设想，能不能将猪的基因经过重组，使其器官中含有人体蛋白，用于人体器官的移植呢？英国的科学家最先进行了这方面的大胆尝试。他们把人体基因注入近2500头猪的受精卵中，获得了49头带有人体基因的猪仔,其中38头存活。再用这些转基因猪进行杂交,获得第二代猪,研究发现其器官中的人体基因及人体蛋白含量比第一代猪仔增加了1倍。美国的几家生物工程公司也分别采用这种办法,使猪体内,包括内脏主要器官中出现了人体内才有的蛋白质,从而使猪与人的主要脏器内的成分彼此间的差异缩小,使猪的心、肝、肺等在人体内受到免疫排斥的程度降低。在迄今为止所有的试验中,植入带有人体基因的猪心脏后,猴子的最长存活期可达63天,平均存活期也达到了40天。这些试验证明,采用这种方法有朝一日就会解决提供移植的人体器官的不足。据不完全统计,全世界每年平均有近200万名病人需要进行心、肾等主要内脏器官的移植,通过转基因猪将给器官衰竭的晚期病人带来福音。

细菌制药厂

人们熟知激素、淋巴因子、神经多肽、调节蛋白、酶、凝血因子等人体活性多肽以及某些疫苗对于疾病的诊断、预防和治疗有着重要的价值。但由于材料来源困难、技术难度大、造价高而不能付诸应用,往往使患者望而却步。但是日益发展的微生基因工程为人类提供了一个生产药物的强有力的技术手段。

根据目的基因导入的受体细胞的类型,可将基因工程分为3类:微生物基因工程、植物基因工程和动物基因工程。微生物基因工程是最早出现也是研究最多的新兴技术领域。这是将目的基因(异源基因)导入微生物细胞内进行克隆,即无性繁殖。在这个过种中,异源基因会在大肠杆菌中得到表达,产生出相应的蛋白质来。最常用的微生物是大肠杆菌。它是一种寄生在人和动物肠道里的无害细菌,不仅繁殖速度极快。也比较容易接受外来的遗传物质。因此,科学家们纷纷把它作为理想的受体,把异源有用基因植入其体内,构建能生产对人类有用的物质的基因工程苗,也就是对大肠杆菌进行基因改造,使其成为有用物质的生产工厂。

首先,我们来介绍一个人生长激素释放抑制素的"生产"是怎样进行的。

人生长激素释放抑制素（简称SS）是一种多肽激素，它由14个氨基酸组成，在人的肠道以及胰脏中合成。这种激素有广泛的生理功能，最主要的是参与生长的调节。它能抑制生长激素、胰岛素等其他激素的分泌，对胃炎、糖尿病、急性胰腺炎、肢端肥大症等都有治疗作用。

SS这种激素尽管作用举足轻重，但是生产起来十分困难。以前一直是用绵羊的脑作原料，50万头绵羊的脑只能提取几毫克，价格昂贵至极。所以自从基因工程技术诞生以来，就有许多科学家致力于用基因工程的方法来生产这种激素。1977年，美国的科学家成功地使细胞菌产生了SS激素。这是基因工程园地里开放出的第一朵艳丽夺目的花朵。

这项基因工程是如何进行的呢？

首先，根据遗传密码，按照SS的14个氨基酸的排列顺序，人工合成了SS的基因，然后在基因的两端各安上一个"黏性末端"。接着，把大肠杆菌的一种质粒PBR322，用限制性内切酶切开，造成2个"黏性末端"，再通过DNA连接酶把SS基因同质粒重组在一个环状的DNA杂种分子，然后把这个杂种质粒导入大肠杆菌中。但是最初的实验一再受挫，大肠杆菌不产生SS，经过研究发现，只有SS基因还不行，还得装上一个"开关"，于是把大肠杆菌控制"消化"乳糖的那个基因的"开关"切下来，装在SS基因前面，结果还是找不到SS。进一步的研究发现，原来不是细菌不产生SS，而是因为SS分子太小，而且又不是大肠杆菌本身的"传统"产物，所以细菌一面生产，一面又被分解掉了。揭开了事情的真相以后，就对原来的杂种质粒动了一次大"手术"，换上了一个大一点的"开关"。这样，细菌终于产生出了带有SS的多肽。接着，把多肽从大肠杆菌中分离出来，在体外用溴化氰处理，最后提纯到了和天然SS一样的人生长激素释放抑制素。

动物细胞的基因，能在细胞里"开动"起来，这是基因工程取得的重大突破。这一成就引起了世界范围的震动，这不仅提供了进一步阐明高等生物基因表达的基础，还具有重大的经济价值。若是用常规方法提取SS，价格异常昂贵，一般病人只能望尘莫及；而用大肠杆菌生产它，价格可大幅下降。1979年成立的美国基因工程公司，早在1983年就将用这种方法生产出的人生长激素释放抑制素投放市场。

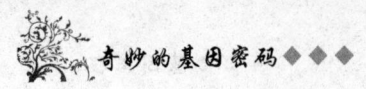

人生长激素释放抑制素的成功生产,为利用微生物基因工程生产其他激素类药物开辟了道路。从此,其他一些人类重要的激素也源源不断地被生产出来。

胰岛素是从胰脏的胰岛细胞里分泌出来的,它是治疗糖尿病的特效药。胰岛素能调节血液里的糖分的含量,保持血糖平衡。糖尿病患者由于自身不能分泌胰岛素,因糖的新陈代谢不正常而在痛苦的煎熬中度日。对这种病人的治疗,只能依靠注射胰岛素来解决。而胰岛素在过去只能依靠从猪和牛的胰脏中提取出来,数量有限,成本很高,是千百万糖尿病患者可望而不及的贵重药品,于是科学家们便着手应用基因工程方法用大肠杆菌生产胰岛素。从20世纪70年代起,美国科学家首先合成了胰岛素基因,利用大肠杆菌的质粒作为运载体把人工合成的人胰岛素基因植入大肠杆菌内。这种杂种质粒随着大肠杆菌的繁殖而复制和扩增。新加入的胰岛素基因便操纵着大肠杆菌大量产生人胰岛素。1978年,美国基因工程公司的科学家宣告这项实验获得成功,这是继细菌产生人生长激素释放抑制素之后,微生物基因工程取得的又一项重大突破。1982年,正式用基因工程菌生产出胰岛素药品,2年后进入商业化生产,从而根本改变了胰岛素生产依赖猪和牛的胰脏的现状。据推算,用这种方法生产的人胰岛素的成本比从猪、牛胰脏提取的要便宜30%~50%。大肠杆菌繁殖一代只需30~40分钟,这样可以快速生产胰岛素。如用2000升培养液就能提取100克胰岛素,相当于从1吨猪胰脏中提取的产量。

利用"细菌制药厂"生产医用药物变为现实后,人们利用这种方法生产的药物接连不断。

人的生长激素是人体内必不可少的一种激素。缺少它。人就会导致垂体性侏儒症。这种激素只能从外伤致死者的脑下垂体来提取,产量极为有限,全世界极端短缺,售价十分昂贵。为了解决这一难题,科学家们致力于用微生物基因工程技术来制造人的生长激素。

1978年,美国加利福尼亚大学研究组和南旧金山基因技术公司宣布,已把鼠的生长激素基因移到大肠杆菌中,并说明了功能。1979年7月,他们又宣布用基因工程技术使细菌产生人生长激素首次获得成功,并得到了

0.2毫克样品。他们在技术上也较以前有新的进展：先用化学法合成生长激素的前69个核苷酸，其余的部分用酶促法合成，然后将2个片段连接起来，通过载体运入大肠杆菌。

生长激素释放肽结构式

这一成果具有重大的经济意义。据推算，假如要获得从6万个尸体的人脑垂体中提取的人脑激素量，改用基因工程法使细菌产生生长激素，只要225千克细菌发酵液就足够了。生长激素还是治疗烧伤、骨折、胃出血、加速伤口愈合以及预防老年患者肌肉萎缩等症的必需药物。1983年，基因工程菌生产的人类生长激素产品开始投放市场。到1990年，利用基因工程菌生产的这种蛋白质药品在全世界销售额已超过1.5亿美元，带来了巨大的经济效益和社会效益。

"细菌制药厂"生产的另一重要产品是松弛素。松弛素是妇女顺产的必备药品，有了它可以大大减缓妇女在生育时的痛苦，也可以减少剖腹产的比例。人们还发现，在临床上使用松弛素时，孕妇的关节炎也往往随之消失，但产后，关节炎又会复发。那么是不是松弛素对关节炎也有疗效呢？这是个极令人感兴趣的问题，但因用常规方法生产松弛素成本高、产量低，难以用足够松弛素去试验以最终确定其对关节炎的疗效。为了能尽快提供价廉质优数量充分的松弛素，美国基因技术公司与澳大利亚一家研究所合作，成功地用细菌产生了这种药品，它既可满足产妇的需要，也为探讨松弛素在医学上的进一步应用创造了条件。

干扰素是用基因工程技术产出的又一种重要药物。干扰素是人体或动物的细胞产生的一种蛋白质，它可以使细胞获得对病毒感染的免疫力，能够治疗由病毒引起的疑难病症。但是干扰素只能从人的血液中提取，每千克的人血只有0.5微克，其昂贵程度就可想而知了。针对这一现状，科学家积极寻求用基因工程技术来生产干扰素。1980年，美国基因公司把人体白细胞干扰素基因转移到大肠杆菌中，使大肠杆菌成功地生产出了干扰素。经过临床试验证明，所生产的干扰素具有重要的医学价值和经济价值。

人造基因血液

血液是抢救重危病人、失血过多的伤员等很重要的医用物质。一般医院里都建有血库，保存血液。但是，影响血库效率的因素中，一个突出的问题就是血源不足。首先是因为只能从健康人体内抽取血液；其次，人血有A、B、AB和O型四种不同的血型，因此血库管理人员发愁的是往往出现某种血型的血严重短缺，而另一种血型的血过剩，有时导致过期失效而报废。血液的保存有一定的时限，冷藏不能超过35天，冷冻期不超过10年，不能长期保存。此外，冷冻血液总不如新鲜血液那样具有更大的活力。医生们总希望能把最新鲜的血液输给病人。

但是，输新鲜血液也带有一定的危险性，因血液中难免带有病毒，如肝炎病毒，甚至艾滋病病毒。虽然随着各种检查手段的出现，使供血中含有病毒的可能性减少到最低的限度，然而在接受输血者中，仍有1%的人染上了并发症。谁都不否认血液能拯救人的生命，但是接受输血的人，还是要冒风险的。

当然，能够输自己的血，即用病人事先贮存的血液，进行自体输血，较为保险。然而并不是人人都能做到自体输血，如早产婴儿、重病患者、贫血者或事故受害者，事先无法提供自己的血液。

科学家们研制了各种人造血。人的血型有4种：A型血可输给A型和AB型患者；B型血可输给B型和AB型患者；AB型血只能输给AB型患者；而O型血可输给任何血型的患者，所以O型血有"万能血"的美名。

A、B、O 3种血型抗原分子的区别在于O型血细胞的抗原分子末端没

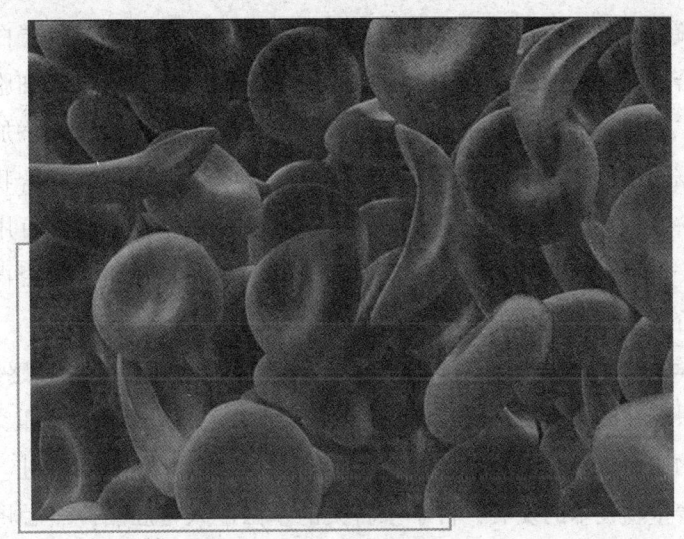

世界首例人造无核红细胞

有糖分子，A型血细胞的抗原分子末端有一个糖分子——N-乙酰氨基半乳糖，B型血细胞也有一个糖分子——半乳糖。这些分子是在细胞形成时由一种酶后加上去的。

既然A和B两种血型的抗原糖分子是后加上去的，能否也用一种酶把糖分子去掉，也就是把A型血的N-乙酰氨基半乳糖和B型血的半乳糖去掉，这样一来，就成为O型血了，可以输给任何血型的患者，血库里的血就都成为万能血了。

设想提出来了。问题在于哪一种酶能够除去这些糖分子呢？

经过科学家的努力，结果竟然在意想不到的生咖啡豆里找到了能够去掉B型血细胞的半乳糖分子的酶。由于没有后加的半乳糖，B型血成为O型血。将这种转型的血注射给狒狒，没有出现异常现象，表明这种转型血是安全可用的。A型血的转型研究，虽然在鸡身上也找到一种酶，但并不理想，科学家仍在寻找能更好转A型血的酶。

这种转型血的成功，虽然解决了输血时的血型问题，但仍得靠献血者提供血液。那么能否寻找一种代替真正血的人造血呢？

我们知道，当血液流往肺部时，大量氧气进入红细胞与血红蛋白结合；

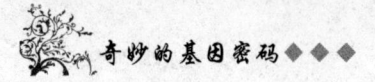

当血液流到其他组织时,氧气被释放出来。红细胞的脱氧血红蛋白和二氧化碳结合,在血液流到肺部时,将二氧化碳释放出来,所以红细胞是运输氧气和二氧化碳的工具。由此可以想象,实际上输血是给病人添加输氧载体。根据红细胞的这种功能,科学家找到一种药物——氟碳化合物。它有迅速溶解氧气并释放二氧化碳的功能,和红细胞的功能一致,可用它来取替人血。这种人造血曾挽救了一些人的生命,但价格昂贵。能否再寻找其他较廉价的血液代用品呢?

科学家从牛血中提取人血代用品,但使用时发现有些患者感到不适,而且它只能在体内维持7天,不能普遍推广使用,但可以作为严重交通事故受害者的输血代用品,直到他们的造血器官能再生自己的血液为止。

随着生物技术的发展,科学家将人的基因注入猪胚胎,然后将胚胎移植到母猪体内,生下来的转基因猪带有人的基因,从这些猪血中提取含有人基因的血红蛋白。这种血可能会作为人血代用品,但仍存在一个安全问题需要考虑,这就是猪血中仍会有病毒感染。

最近科学家通过基因工程技术,研制人红细胞生成素。首先用DNA扩散仪得到人红细胞生成素的基因片段,将此片段插入哺乳动物细胞内,经过大量的筛选,得到有高效作用的传代细胞。这些细胞能在培养条件下大量繁殖,从中分离提纯人红细胞生成素。

人红细胞生成素是人体内很重要的造血生长因子,这种人造红血细胞生成素显然有着非常诱人的能力,使用它人们可以不必担心血液中有无病毒,也不必考虑血型问题。

血液中还有血小板,它是凝血作用所必需的。血小板减少后。要恢复是很缓慢的,对放射线治疗、化学治疗及骨髓移植而引起骨髓损伤的病人是严重的威胁,迫切需要寻找有效地促进血小板生成的药物。科学家发现血小板生成素(TPO),可促进血小板低下病人的骨髓细胞中血小板的增殖,并无副作用。显然TPO作为一种有效的增升血小板药物,有着极好的应用前景。

脐带血含有丰富的未分化血细胞、造血干细胞等有用的细胞。此血对骨髓移植治疗癌症用途很大。每出生一个婴儿,平均可收集到50毫升的脐带血。目前多数脐带血都被废弃,所以建立人类脐带血库,是一项变废为宝的措施。

白血病、再生障碍性贫血的治疗以骨髓移植最为有效,由于不同人的骨髓会产生排异反应,因此希望能建立可自我移植的骨髓库,即在健康时采集自己的骨髓细胞并冷冻保存起来,一旦需要可供自己使用,亦可供他人需要。当前需要解决无痛采集骨髓细胞的技术、长期无菌保存技术,还有骨髓干细胞增殖技术,这些技术在21世纪可望形成普遍性产业。

DNA 的"分子手术"

科学家们在对基因进行操作或基因组分析时,往往需要在 DNA 分子上进行剪接,在分子水平上进行设计"施工"。比如,一种细菌——流感嗜血杆菌的 DNA,长度为 0.832 纳米;大肠杆菌的 DNA 也只有 1.36 纳米;DNA 的厚度只有 1 纳米。也就是说,DNA 的粗细只是缝衣针的四十万分之一或头发丝的十万分之一。对这样细微的物质进行分析或分离上面的基因是非常不容易的,它实际上是要进行比显微外科手术还要精细得多的一种"分

DNA 与染色体

子手术"。

为了在 DNA 分子上"动手术",科学家们绞尽了脑汁,经过反复的试验研究,他们终于发现了一种"分子剪刀"。这种"分子剪刀"当然不是用钢铁做成的普通剪刀,也不是用金钢石制的玻璃刀,而是一种专门把 DNA 切成碎片的酶,它的名字叫"DNA 限制性内切酶"(简称内切酶)。

内切酶是研究基因或进行基因工程"施工"的一把"宝刀"。它有 2 个特别高超的本领。一个是它好像长了眼睛一样,会识别 DNA 上某种核苷酸的顺序和位置;第二个本领是能在这个位置上使用"法力"将 DNA 分子一刀两断。例如有一种内切酶,能识别 6 对核苷酸的顺序,并且只在特定的位置上切断。

在一个 DNA 分子的长链中,由于出现这样 6 对核苷酸特殊排列的机会很少,大约每隔几千对核苷酸才出现一次。因此用这种内切酶切下来的 DNA 片段,大约含有几千对核苷酸。它比一般基因所含的 1000~2000 对核苷酸的长度略长些,所以用内切酶可以完整地切下一个或几个基因,正好符合基因研究的要求。

科学家们发现,用这种酶"动手术"进行切割,切口不平,是交错切割的。切后,产生两个双链的 DNA 片段,一个上面露出 -A-A-T-T- 的单链"尾巴";一个下面露出 -T-T-A-A- 的单链"尾巴"。如果仔细观察就会发现,这两条单链"尾巴"的核苷酸排列顺序正好相互颠倒,而且正好"互补"。如果再把它们混合在一起时,这种单链"尾巴"又会相互对准进行碱基配对,因此人们把这种单链尾巴叫做"黏性末端"。

有人或许要问,既然生物体内存在着限制性内切酶,那么它们自己的 DNA 链又为什么不被切断呢?原来限制性内切酶中

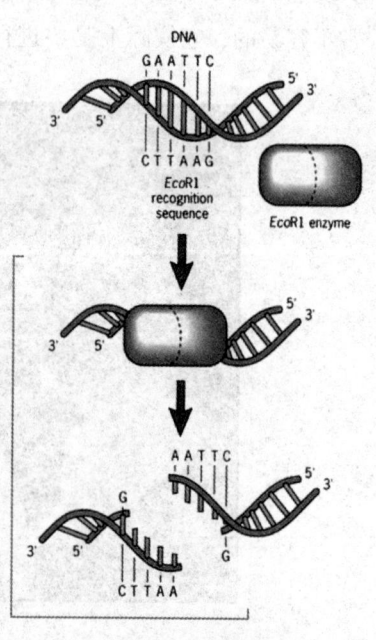

DNA 分子被 EcoR1 切割

还有另外一种起"保护作用"的酶，它能把自身 DNA 链中的内切酶识别位点保护起来，不被切断。

目前，科学家们已在不同生物中发现了几百种这种"爱憎分明"的限制性内切酶。由于有了形形色色的"分子剪刀"，人们就可以随心所欲地进行 DNA 分子长链的切割了。

在进行基因工程和研究基因时，有时需要把一种生物的 DNA 段与另一种生物的 DNA 片段连接起来，需要缝合人工合成 DNA 链为完整的 DNA 分子。好像缝纫师做衣服时，按照设计好的样式，先把布裁成一块一块的，然后再把它们缝起来。可是 DNA 分子的片段特别小，摸不着，看不到。怎么把它们缝合在一起呢？为了完成这个特殊使命，科学家们发现了一种巧妙的"分子针线"——DNA 连接酶，用它可以完成精细得难以想象的工作。

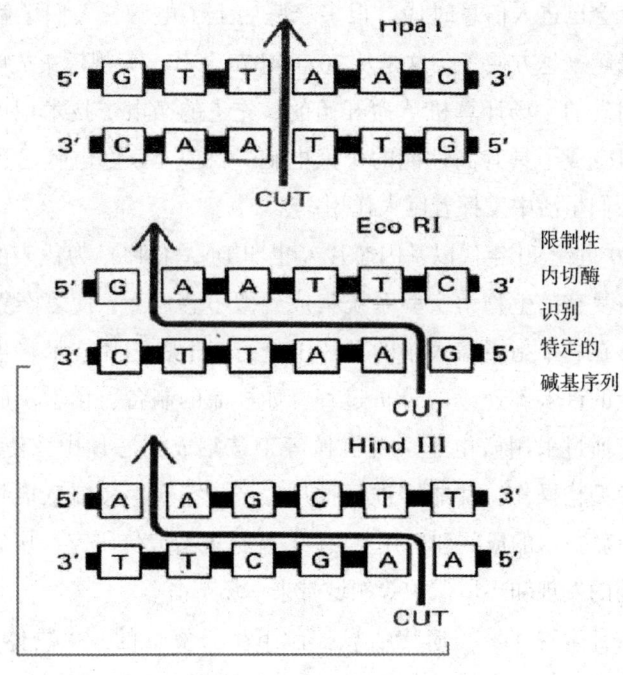

限制性内切酶

上文谈到，用内切酶切出来的 DNA 片段带有一段可以互补的单链"尾巴"。如果用同一种内切酶分别把 2 种来源不同的 DNA 切成片段，然后再把它们混合起来，它们会通过"尾巴"互相识别，自动靠拢，碱基配对。不过末端与末端之间还留有"空隙"，有待缝合。连接酶就是专门"缝合"这种空隙的"分子针线"。它能在两个 DNA 片段的末端之间"架起桥梁"，把它们连接起来。因此，只要用同一种内切酶切割的两种 DNA 片段加上这种 DNA 连接酶，它就像"神针神线"一样，会把片段连接得天衣无缝。DNA 连接酶也是从生物体内提取出来的一种酶，它和内切酶一样是进行基因工程和分子生物学研究的重要工具。有人称它们为"工具酶"，赞誉它们为分子工程的两大"法宝"。

生物芯片

当今社会已进入信息时代，很多家庭装上了电脑，人们了解世间的各种信息真是越来越方便了。这是从 20 世纪 70 年代，大规模集成电路电子芯片的发明引发的一场计算机革命开始的。先进的微电子技术把庞大的、复杂的计算机变成了具有高性能的个人电脑。目前，家庭电脑已进入了千家万户，在人们生活中发挥着巨大作用。

到了 20 世纪 90 年代以基因芯片（也叫 DNA 芯片）为代表的生物芯片的发明，将复杂的生物学实验系统集成到微小芯片上，使复杂繁琐的生物学实验能够在一个指甲盖大小的芯片上进行。生物芯片技术将生命科学研究中所涉及的许多不连续的分析过程，如样品的制备、化学反应过程和分析检测等，通过采用微电子、微机械等工艺集成到芯片中，使之连续化、集成化和微型化操作，并能够进行批量生产，实现生命信息检测分析的自动化。这一新技术的成熟和应用将在 21 世纪里给遗传研究、疾病的诊断和治疗、新药的发现和环境保护等领域带来一场革命。

任何一种生物都是在遗传信息控制下生长发育的，生物体通过复制、解读遗传信息和执行遗传指令形成特定的生命活动。从信息学的角度来看，DNA 分子是生命信息的载体，遗传信息存储在 A、T、G、C 这 4 个字符所组成的 DNA 序列中。蛋白质分子是遗传信息表达的产物，是构成生命机器的基本元件，大量类型不同、功能各异的蛋白质分子协同工作，保证生命

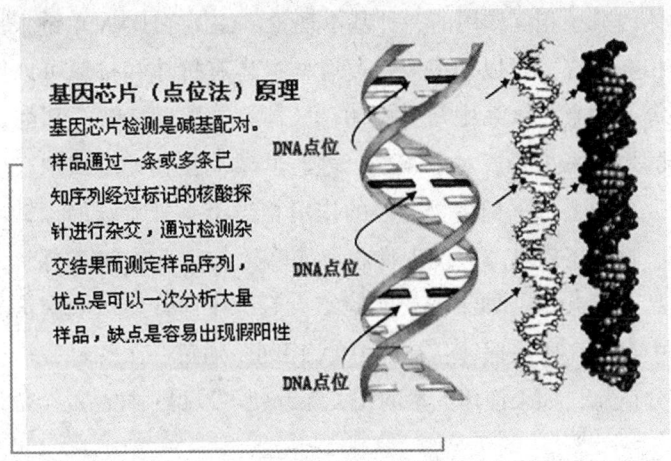

基因芯片检测原理图

机器的正常运转。因此，认识生命现象，掌握生命活动规律的前提是了解和分析生物大分子，研究生物分子信息与生命活动的关系。生物芯片对完成这项任务起着十分重要的作用。

那么，什么是生物芯片？它是如何发挥作用的呢？

生物芯片是以生物大分子（蛋白质和核酸）为主要材料制成的生物集成电路。经研究发现，蛋白质和核酸等生物大分子都具有像半导体那样的光电转换功能和开关功能。例如，蛋白质分子具有低阻抗、低能耗的性质，不存在散热问题，它的三维立体排列使它具有较高的存贮容量。在生物芯片中，信息是以波的形式传递。当波束沿着蛋白质分子链传播时，会引起蛋白质分子链中单链、双链结构顺序发生改变。因而，当一束波传播到分子链的某一部位时，就能像集成电路中的载流子那样传递信息。

制作生物芯片是运用微电子技术和生物分子的自组装技术，将一块微小芯片划分为成千上万个单元，并在每个单元的位置上组装不同的DNA、蛋白质或其他相关生物分子，从而形成生物分子的微阵列。这好像古代时候两军对垒，摆的八卦阵一样，其中有一定的阵势，摆布一些将领和士兵，在一定的位置上把守阵脚。所不同的是生物芯片是多维的立体阵列，像现代战争那样，海、陆、空三军立体作战。生物芯片利用生物分子的识别或生物分子相互作用原理，实现对生命相关信息的大规模并行检测。分子识别是生物体内分子相互作用的一种基本现象。如两条 DNA 单链根据碱基互补原则,相互缠绕,可以形成双链复合体;还有抗体和抗原可以产生特异性结合等等。在生命体系中信息的阅读、储存、复制、转录和翻译均通过分子识别的规则来进行,对于核酸,可通过碱基互补配对识别一个核酸分子的序列。芯片上每一种生物分子的作用相当于一种特殊的探针,用于检测特定的生物分子信息。假设生物芯片某单元上有一个 DNA 探针,它与待检测的样品进行杂交,如果杂交实验结束后,该探针显示杂交信号,则表示在样品中存在一段与探针互补的 DNA 序列。通过一个探针我们可以得到样品的部分信息,如果使用大量的相关探针就可以得到样品的全部信息。

人体基因芯片

为什么把生物芯片叫做"芯片"呢?其原因有二:一是因为芯片的每个单元有信息提取和信息转化的功能,类似半导体芯片;二是因为生物芯片采用与半导体芯片相似的制造技术,具有微型化、集成化的特点。

生物芯片有多种类型,其中基因芯片是目前研究最多、应用最广泛的一种。基因芯片实际上是由大量 DNA 探针所组成的微阵列,通过核酸杂交检测信息,我们可以在基因芯片上用多个探针分析一段 DNA 序列;我们也可以用一个探针检测样品中是否会有特定的核酸序列。

利用基因芯片可以进行基因分析。同一种生物,其基因组从整体上来说是基本一致的，约有 99.9% 的基因组序列相同，然而正是由于 0.1% 序列的差别，才导致了个体与个体表型的差别。像我们人类，不同的民族、不同个体都有 46 条染色体，都有相同的基因数目和分布，也有基本相同的核苷酸序列。然而人类基因组又是一个变异的群体，在长期进化的过程中，基因组 DNA 序列不断地发生变异，从而导致了不同种族、群体和个体基因组间的差异或多态性。除了同卵双生子以外，没有两个个体的基因组是完全相同的。DNA 序列的变化是生物种群之间差异的根本原因，也是影响生物体正常状态和疾病状态的关键因素。黑人与白人的差别、高个与矮个的差别、健康人与遗传病人的差别等等都是由于个体基因组存在着差异。人类基因组计划所得到的仅仅是某一些人的基因组，当人类基因组测序计划完成以后，人们便会逐步关注不同人群、正常与疾病状态下 DNA 序列的变化。对这些基因型差异进行定位、识别以及分类有着重大意义，这是有针对性地预防和治疗疾病的基础，也是对个人遗传特征识别的依据。

利用基因芯片可以检查每个人 DNA 的特异性，根据基因的情况建立个人健康档案。可能在 5～10 年之后，每个人都可以用一小块基因芯片便捷、准确地了解自己的全部基因的缺陷。人们将知道自己或自己的儿女一生中肯定会得什么病，可能比别人更容易得什么病。他将知道 10 年或 20 年后他的健康状况。这样，人们可以及早防治各种疾病，预防衰老，延长寿命。

利用基因芯片还可以测定未知的 DNA 序列。美国一些公司研制成功了一种快速破译人类基因图谱的新技术，其速度约为目前技术的 1000 倍。原来，这些公司的科学家们使用的是"基因芯片"的微型装置，在芯片上可以用 6 万多种探针同时进行分子杂交。这样将人的几滴 DNA 样品置于芯片上，就能对其中所含的基因序列进行全面"阅读"，从而极大地提高了破译的效率。

基因武器

所谓基因武器，是指运用遗传工程技术，按人们的需要通过重组 DNA，使一些致病细菌或病毒具有抗普通疫苗或药物的能力，或者使一些本来不致病的微生物成为致病的微生物。由这种基因被重组的微生物制成的生物武器就是"基因武器"。

　　基因武器与其他现代化武器比较，除不易防御和被伤害后难治疗的特点以外，还有成本低、易制造、使用方便、杀伤力大等优势。有人计算，用5000万美元建立一个基因武器库，其杀伤能力将远远超过一座50亿美元建成的核武器库；将一种超级出血热菌的"基因武器"投入对方水系，顺流而下，会使整个流域的人尽数丧失生活能力，这要比核弹杀伤力大几十倍。"基因武器"可以用人工、普通火炮、军舰、飞机、气球或导弹进行投放，可以投在对方的前线、后方、江河湖泊、城市和交通要冲使疫病迅速传播开来。有人认为，一旦基因武器投入未来战争，将使未来战争发生巨大的变化。首先，战争的固有概念将发生变化。敌对双方再不是依靠使用大规模"硬杀伤"武器，进行流血拼杀摧毁一支军队、一座城镇去夺取胜利，而可能在战前使用基因武器，使对方人体组织及生活环境破坏，导致一个民族、一个国家丧失战斗力，在不流血中被征服。有的人甚至认为，未来战争如果使用基因武器，就不再需要核武器和中子弹，不需要集群飞机坦克，也不要士兵冲锋陷阵，就可以消灭对方。第二，军队的组织结构

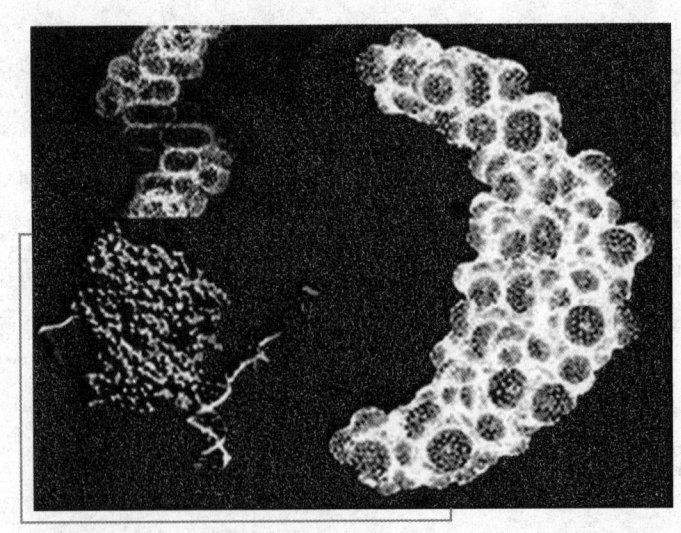

显微镜下的人体基因

将发生变化。可能使战争部队减少，"小队伍"就可取得"大胜利"，而救护保障部队可能要大大增加，形成"前轻后重"的新型军队组织结构形式；第三，将使"战略武器"与"战术武器"融为一体。"基因武器"一经使用不仅对方战斗力当时会削弱，而且会使某一个民族失去正常智力，甚至代代相传，从而长期变成侵略者的殖民地；第四，未来的战场很可能是无形的，将使战场情况难以掌握和控制；第五，军事防御和军事医学也都将随之发生根本性的变化。因此，一些科学家对"基因武器"的忧虑远远超过当年一些核物理学家对核武器的忧虑。

近年来，国际上特别是少数国家对"基因武器"的研究很重视。据美国国防部有关化学和工程参谋专家 T.R. 希达尔博士的报告，美国国防部的

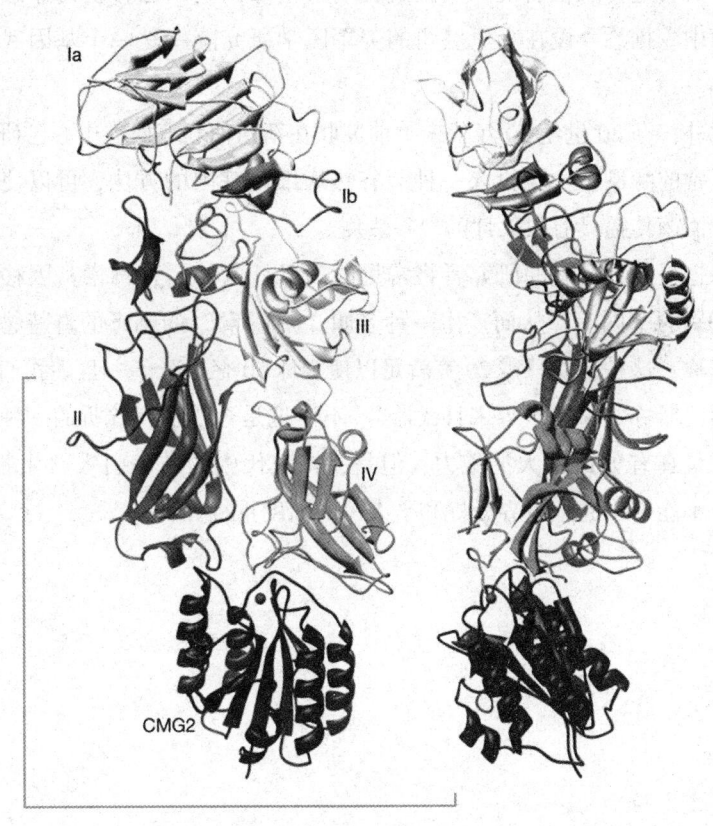

炭疽热毒素

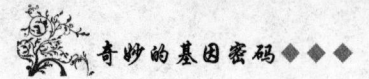

生物工程计划中,在军内安排了 11 项研究课题,在军外由国防部资助的遗传工程技术研究课题有 32 项。在美国"科学家促进协会"1984 年 5 月举行的年会上,S. P. 赖特指出,从 1980～1984 年,美国用于整个生命科学研究的基金费用减少了 2%,而在同一时期内,美国防部资助生命科学(用生物工程研究生物战防御)的基金费却增加了 26%。美国国防部计划在 1987 年花费 150 万美元搞生化武器系统和防御系统,其中包括一系列以重组 DNA 技术为基础的项目。美国从 1983 年以来,研究人员已用现代生物技术繁殖成功炭疽杆菌、A 型肉毒杆菌、霍乱弧菌、志贺氏痢疾杆菌和白喉杆菌毒素的基因。他们还在研制用生物技术生产更具毒性的同种细菌和病毒,甚至用加入基因的方法使本来不引起疾病的细菌转变为病菌。据美国重组 DNA 顾问委员会遗传工程管理人员报道,痢疾攻毒素基因已移植到非致病的大肠杆菌中。据悉,设在马里兰州的美军医学研究院就是一个基因武器的研究中心。

此外,在 20 世纪 80 年代末,前苏联在新西伯利亚研究中心已研究出在极其通常的酿酒菌中,投入一种裂谷热病细菌基因的方法,可以使发酵香甜的酿酒菌传播具有毁灭性的裂谷热疫。

另据报道,还有的研究者将常见的肉毒杆菌的一种毒素基因移植到另一种特别的基因上,从而产生一种名叫"热毒素"的剧毒的奇特物质。试验者声称,这种物质只需 20 克就足以使全球 50 亿人死于一旦。我们真可以把基因武器称之为"世界末日武器"。不论这是否是危言耸听的一种新的讹诈,或是真有如此巨大的威力,但是,将现代生物技术引入"生物武器"制造,不能不引起全世界爱好和平人民的高度重视和警惕。

基因克隆

什么是基因克隆

随着生物化学、分子生物学和遗传学基础研究的进展，以及物理化学等学科的实验技术深入地与生物学相结合，20世纪70年代初发展起来了基因克隆技术，使生物学和医学经历了巨大的变化。这些技术促进了医学、生物学、农学、兽牧学等的发展，科学家利用基因克隆技术有可能按照自己的愿望对基因进行改造，使之为人类服务、改变人们的生活。基因克隆技术在医学上的应用更是广泛而意义深远。这些技术不仅已用于基因诊断和基因治疗中，还直接促进了人类基因组计划的实施。

基因工程和遗传工程在英语中是同一个词汇。从字面上看，遗传工程就是按照人们的意愿去改造生物的遗传特性或创建具有新遗传特性的生物。遗传是由基因决定的，改造生物的遗传性，就是改造生物的基因，因此狭义的遗传工程就是基因工程。

基因工程就是要改造DNA，涉及DNA序列的重新组合和建造，所以基因工程的核心就是人工的DNA重组。重组、建造的DNA分子只有纯化繁殖才有意义。纯的无性繁殖系统称为克隆（clone）。"clone"一词于1963年被创造出来，是指来自同一始祖的相同副本或拷贝的集合。所以，纯化繁殖DNA又称为DNA克隆或分子克隆，基因的纯化繁殖又称为基因克隆。

基因克隆的定义为：应用酶学方法，在体外将不同来源的遗传物质与

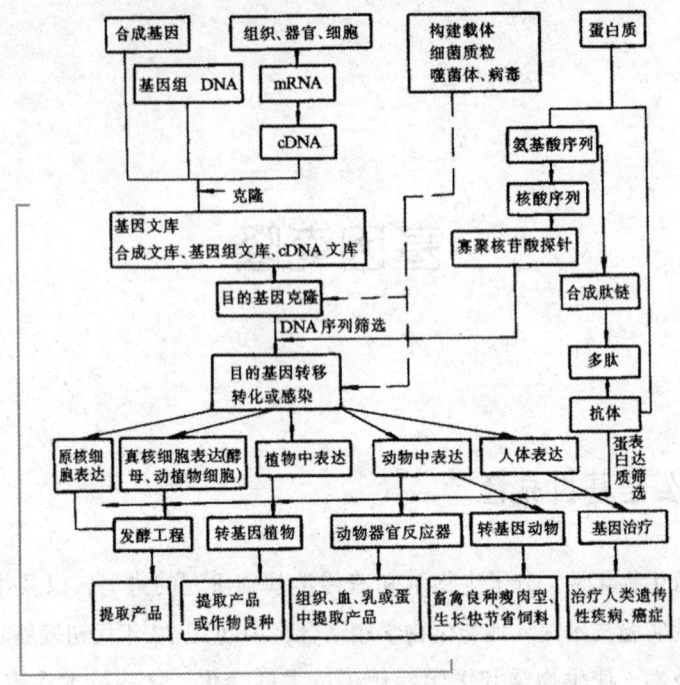

基因克隆示意图

载体 DNA 结合成一具有自我复制能力的 DNA 分子,然后通过转化或转染宿主细胞、筛选出含有目的基因的转化子细胞,再进行扩增获得大量同一的 DNA 分子。所以 DNA 重组和分子克隆是与基因工程密切不可分的,是基因工程技术的核心和主要组成部分。重组 DNA、分子克隆甚至成了基因工程的代名词。

基因克隆的秘密

"克隆"一词最初源自英文 clone 的音译,科学家们常用它来指由无性繁殖得到的一群细胞,即不是通过精子和卵子配合而繁殖得到的一群细胞或细胞系。克隆的本质就是无性繁殖。

我们知道,哺乳类动物和我们人类都是通过性细胞(精子和卵子)结合成合子(受精卵),再由合子分化发育而来的。而通过克隆方法得到的细胞群或由未受精的卵细胞分化发育而来的个体，则不存在性细胞的结合问题。我们先以单克隆抗体为例来说明这一点。科学家们先通过某种方法获得一只分泌一种抗体的杂交瘤细胞，然后给予充分的条件让这个细胞分裂、繁殖，成为一群细胞。这群细胞或称细胞系，都是一个细胞的后代，具有相同的性状，因此都能够产生同一种抗体。这群由一个单细胞经多次分裂繁殖而来的细胞群被称为单一的细胞克隆。由此产生的抗体被称为单克隆抗体。另一种情况是分子克隆，分子克隆实际上是基因克隆技术的别称，指的是通过一定的方法得到含某个特定基因的单一细胞或细菌，再进行大量繁殖，就得到了包含该基因的单一细胞克隆。这种细胞克隆即可以提供足量的目的基因供我们研究，也可以用于制造我们所需的该基因的蛋白质产物。单克隆抗体技术和基因克隆技术都是20世纪伟大的科学发明，它们的创立者都因此获得了诺贝尔奖。这两种技术操作工艺上差别极大，可它们都有一个共同的特点，就是要筛选出通过无性繁殖而来的单一细胞群。

世界卫生组织在关于克隆的非正式声明中定义：克隆为遗传上同一的机体或细胞系（株）的无性生殖。

根据上述的诠释和定义，我们将克隆分为4个层次：微生物或细胞、植物、动物和人，以及在自然界发生的克隆和只有人工条件下发生的克隆。

随着生物科学的发展，克隆的内涵也在不断扩大，只要是从一个细胞得到两个以上的细胞、细胞群或生物体，就可以称为克隆。由此而分化所得到的细胞、生物体就是克隆细胞、克隆体。从基因角度看，克隆体和母体的遗传物质是完全相同的。英国科学家产生克隆羊所使用的技术就相应地被称为克隆技术，该技术是基因工程技术的一个重要组成部分。

植物的克隆技术比较简单，发现和使用较早，这是因为植物细胞是所谓的全能细胞，经过适当培育，即可以发育成一完整植株。所以，克隆植物是相当普通的一件事。而动物的克隆技术发展较慢，这是由于动物的体细胞并不具有全能性。使用已经高度分化的动物体细胞无法直接培育出克隆动物。几十年来，科学家们一直孜孜不倦地探讨哺乳动物的克隆问题。近十几年来在此领域中已取得了不少进展。

克隆的手段有多种类型，包括胚胎切割、细胞核移植等。在克隆羊

"多利"降生之前，细胞核移植就是用机械的方法，把一个称之为"供体细

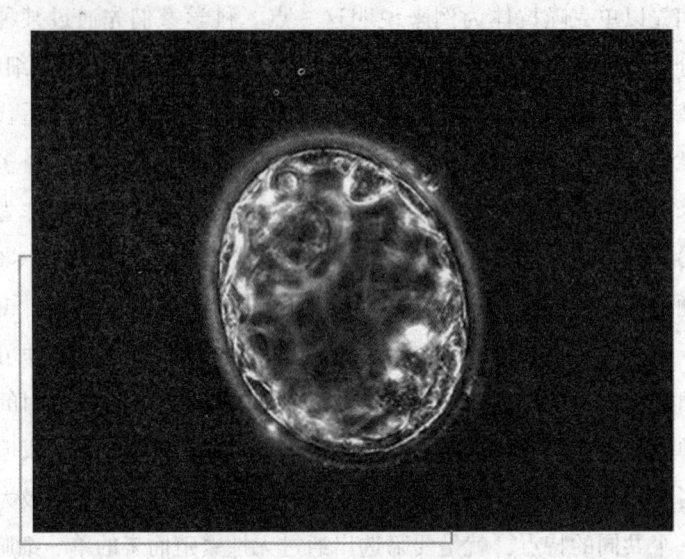

细胞核移植5天后的胚胎

胞"的细胞核移入另一个去除了细胞核的细胞质中。核移植采用的供体细胞有两种，一种是胚胎细胞，一种是体细胞，但两者有着本质的区别。胚胎细胞是由受精卵发育而成的胚胎的细胞，故胚胎细胞克隆属于异体复制，"复制"的是提供受精卵胚胎的动物的下一代，相当于生了个"多胞胎"；而体细胞克隆属于自体复制，"拷贝"的是提供体细胞的动物本身。从技术操作的难度来看，前者难度小，后者难度大。

首例克隆"多利"羊

1997年2月23日，英国爱丁堡卢斯林研究所的科学家们在伊尔·维尔穆特教授领导下所作的一项创新性工作，被刊登在世界权威科学杂志《自然》上，他们从一只成年绵羊的乳房里取出一个细胞的细胞核，再放到另一只绵羊的去除了细胞核的卵细胞中，这个细胞经脉冲电刺激后开始分裂，并在后者绵羊的子宫里培育，最后分娩出一个同前者绵羊一模一样的子绵羊，他们还给这只小绵羊取名为"多利"。

基因克隆

无性繁殖现象在低等植物中存在。而"多利"是标准的哺乳动物，它的出现打破了生物界中的自然规律，引发了一场生命的革命。

维尔穆特研究小组操纵了"多利"的胚胎发育和诞生过程。他们利用药物促使母羊排卵，然后将未受精的卵取出放到一个极细的试管底部，再用另外一种更细的试管将羊卵膜刺破，从中吸出所有的染色体，这样就制成了具有活性但无遗传物质的卵空壳。接着，他们从"多利"的母亲——一只6岁的母羊的乳腺中取出一个普通组织细胞，使乳腺细胞与没有遗传物质的卵细胞融合，通过电流刺激作用使两者结合成一个含新的遗传物质的卵细胞。这一卵细胞在试管中开始分裂、繁殖、形成胚胎，当胚胎生长到一定程度时，研究人员再将其植入母羊子宫内，使母羊怀孕并于去年7月产下"多利"。

世界上首例克隆羊多利

"多利"是世界上第一个"克隆"出来的哺乳动物，它的特点在于它与它的母亲——那头6岁母羊具有完全相同的基因，可谓是它母亲的复制品。"多利"的诞生意味着人们可以利用动物的一个组织细胞，像翻录磁带或复印文件一样，大量生产出完全相同生命体。而哺乳动物界的自然规律是，动物的繁衍须由两性生殖细胞来完成，而且由父体和母体的遗传物质在后代体内各占一半，因此后代绝对不是父母的复制品。

白白胖胖、一身卷毛的"多利"虽然才7个多月大，却已有45千克重，它身体建康，活泼好动，跟一般的小羊没有什么区别。"多利"是维尔穆特用他喜欢的乡村歌手多利·帕顿的名字起的名。由于"多利"是用功能已彻底分化的成年动物细胞"克隆"成的，是世界上第一个动物复制品，

多利羊和小羊

因此它具有重大的研究价值。它既不会像普通羊那样被卖掉，更不会被人吃掉。但为了防止意外，它无法离开羊圈到大自然中吃草和玩耍，也无法像它的小伙伴们那样过上正常的生活。

被关在羊圈内的"多利"全然不知自己的特殊身份，它像其他小羊一样吃草、睡觉和欢蹦乱跳，几个月前还在生育自己的母亲面前撒欢儿。"多利"的母亲，共3只母羊：一个是为它提供卵细胞空壳的，一个是为它提供乳腺组织细胞的，第三个母亲则为提供了胚胎发育基地子宫。但从遗传的角度来说，为它提供组织细胞的那只6岁母羊才是"多利"的母亲。不过，"多利"只认生育它的那只母羊，尽管那只母羊的一张黑脸。跟它并不一样，"多利"还是把它当作自己的亲生母亲。

罗斯林研究所的科学家们在以前曾用"克隆"方法繁殖出一些两栖类动物，但从未在哺乳类动物身上成功过。在绵羊的繁殖试验中，他们遭受了300多次失败，最终培育出"多利"。

继1996年7月英国科学家克隆出"多利"后，美国俄勒冈灵长类研究中心唐·活尔夫领导的科研小组在同年8月份用胚胎细胞克隆出2只猴子。其具体做法是，先用人工授精卵分裂成含有8个细胞的胚胎时，研究人员将

8个细胞逐个分离。再将每个细胞中的遗传物质的卵细胞发育成胚胎后，再将其移植到母猴体内。利用这种方法，俄勒冈研究中心共培养成9个胚胎，移植后使3个母猴怀孕，其中2只母猴顺利产下小猴。美国科学家宣布这一结果后引起了强烈反响。尽管克隆猴是用胚胎细胞克隆而成的，但由于猴跟人是十分接近的哺乳动物，所以这一结果无疑起到推波助澜的作用，使尚未平息的"克隆羊"风波又掀起了新的浪潮。"克隆羊"及"克隆猴"风波

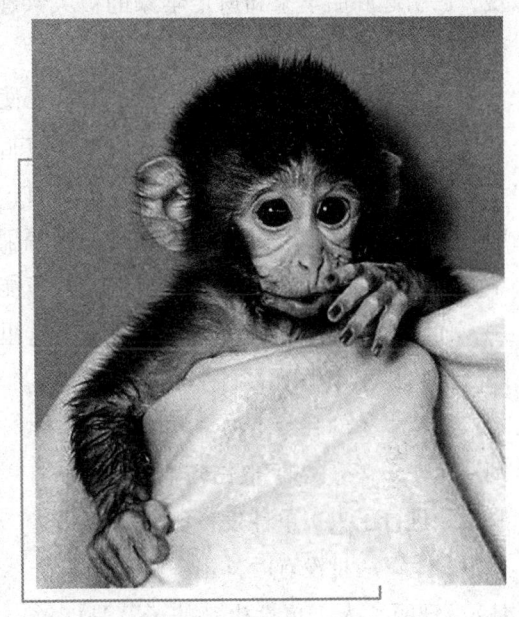

克隆猕猴特拉

在全世界范围内引发了一场关于科学与伦理、科学与生命、科学与人类未来命运的大争论，各国政府要员、各名科学家、社会学家、伦理学家和普通老百姓，都纷纷加入到这场世纪之末的大论战之中。

单亲雌核生殖

单亲雌核生殖指在没有精子的情况下使卵子发育成个体，雌核生殖俗称受精，意指精子虽能正常地钻入和激活卵细胞，但精子的细胞核并未参与卵细胞的发育，使精子产生这种变化的诱变剂，可以是某些自然因子，也可以是某些实验因子。从遗传学角度看，雌核生殖类似于单性生殖。从克隆的角度来看，雌核生殖是一种无性克隆技术。

自然界里，人们早已发现在一些无脊椎动物中存在雌核生殖，后来发现有些品种的鱼也具有天然雌核生殖繁衍后代的能力。在哺乳动物中，据记载，偶尔发生小鼠的天然雌核生殖，但只能达到1～2细胞阶段。上述发

现,已引起胚胎学家和遗传学家的极大兴趣,因此生物学家们已对诱导产生雌核生殖的人工方法作了广泛的研究。

人工诱导雌核生殖,一方面必须首先使精子染色体失活,另一方面还得保持精子穿透和激活卵细胞启动发育的能力。早在1911年,赫特威氏第一个成功地人工消除了精子染色体的活性。他在两栖类研究中,利用辐射能对精子进行处理时发现,在适当的高辐射剂量下,能导致精子染色体完全失活,精子虽然能穿入卵细胞内,却只能起到激活卵细胞启动发育的作用,而不能和卵细胞结合,所以精子在这里是起到了刺激卵细胞发育的作用,成为科学家手中的牺牲品。

我国卓越的胚胎生物学家朱洗利用针刺注血法,在癞蛤蟆离体产出的无膜卵细胞上,进行了人工单性发育的研究,并获得世界上第一批没有"外祖父的癞蛤蟆个体",证明了人工单性生殖的子裔是能够传宗接代的。

凡雌核生殖的个体,都具有纯母系的单倍体染色体,因此,雌核生殖的生命力,依赖于卵细胞染色体的二倍体化。在一些天然的雌核生殖过程中,是由于卵母细胞的进一步成熟分裂通常受到限制,染色体数目减半受阻,而使雌核生殖个体成为二倍体。所以人为地阻止卵母细胞分裂,均有可能使雌核二倍体化发育。

异种克隆羊

自从20世纪70年代中期起,鱼类雌核生殖研究非常活跃。这是因为对鱼类精子的处理方法简便易行,又易于施行体外授精之优点,由此雌核生殖在鱼类上具有潜在的经济效益,并日益引起人们的兴趣。

在两栖类、鱼类和哺乳类动物中,生物学家们早已开展人工诱导雌核生殖技术的研究。总的说来,要达到实验性二倍体雌核生殖,必须解决2个最主要的问题:第一是人为地使精子细胞的遗传物质失活;第二是阻止雌性个体染色体数目的减少。

雌核生殖的鉴别是指经人工或自然诱导的雌核生殖个体，经过一定的鉴定，以证明它确属雌核生殖的个体，换句话说，应证明精子在胚胎发育中确实没有在遗传方面作出贡献。鉴别雌核生殖的个体，通常以颜色、形态和生化等方面的指标为根据。通过细胞学的研究，无疑更能精确地判别雌核生殖。若是雌核生殖，其囊胚细胞中只出现一套来自雌核的染色体，否则。雌核和雄核染色体各占1/2，得到的是杂交种。近年来，还运用了遗传标志的方法，来鉴别雌核生殖的二倍体化。

雌核生殖具有产生单性种群的能力。在同型雌性配子的品种中，雌核生殖产生的所有后代，都应该是雌性个体（XX）；而在异型雌性配子（X或Y）的品种中，雌核生殖的后代，可能是雌性个体，也可能是雄性个体。

在人工诱导雌核生殖过程中，由于使精子染色体失活的处理，往往会导致基因突变。在两栖类和鱼类的发育中，即出现胚胎早期的死亡现象。故有人称之为"外源精子致死效应"。显然这种引起个体死亡的基因突变，属隐性致死突变型。致死效应决定于隐性致死突变基因在2个同源染色体上的状态。如果呈现相同等位基因情况，个体发育胚胎早期就会死亡。因此，雄核发育有可能为遗传学研究提供某些致死突变种的生物品系，成为个体发育研究和遗传育种实践的好材料。

雌核生殖的研究，自20世纪初以来，虽有某些方面的突破。但从目前的研究状况来看，不能不说它的进展还是比较缓慢的。造成这一局面的原因之一，可能与人工雌核生殖后裔的成活率较低有关。从研究过的一些鱼中，发现雌核生殖子代，多数于幼体阶段死亡。如雌核生殖的鲫鱼，在胚胎发育的前两周内，出现大量外观上畸形的个体，因此总的存活率大约只有50%左右。根据目前得到的情报，除仓鼠外，其他哺乳动物尚无雌核生殖成功的实例，还需要进一步研究。

总之，雌核生殖的研究，尚存在许多薄弱环节，有待进一步解决。尽管如此，近年来国内外在这方面的研究仍取得不少成就。在人工诱导雌核生殖的鱼中，获得了能够正常受精的雌性个体，并成功地得到了人工雌核生殖的第二代和第三代。我国在鲤鱼等品种上，在工人诱导雌核生殖和建立纯系方面也已获得成功。所以说，人工雌核生殖的技术和方法正在不断发展和日臻完善，预计作为细胞工程学手段之一，将有可能对解决遗传改良和生殖控制等关键性问题作出贡献，而在按照人们意愿改造和创新生命的进程中，将具有无可置疑的前景。

微生物克隆技术

在微生物界，克隆现象是相当普遍的，如单细胞生物和多细胞生物体中细胞的简单分裂等。微生物的克隆技术也不复杂。一般来说，微生物的生长需要大量的水分，需要较多地供给构成有机碳架的碳源，构成含氮物质的氮源，其次还需要一些含磷、镁、钾、钙、钠、硫等的盐类以及微量的铁、铜、锌、锰等元素。不同的微生物对营养物质的要求有很大的差异。有些微生物是"杂食性"的，可以用各种不同物质作为营养；有的微生物可以利用化学成分比较简单的物质，甚至可以在完全无机的环境中生长发育，从二氧化碳、氨及其他无机盐类合成它们的细胞物质。另外，有些微生物则需要一些现成的维生素、氨基酸、嘌呤碱及其他一些有机化合物才能生长。

有的微生物的生长不需要分子氧，这种微生物称为厌氧微生物，它的培养应在密闭容器中进行。如生产沼气的甲烷菌的培养，是在有盖的沼气池或不通气的发酵罐中进行的。更多的工业微生物要在有氧的环境中生长，称为好氧微生物。培养这类微生物时要采取通气措施，以保证供给充分的氧气。

微生物细胞培养的方式又分为许多类型。所谓表面培养使用的是固体培养基，细胞位于固体培养基的表面，这种培养方式多用于菌种的分离、纯化、保藏和种子的制备。表面培养法多用在微生物学家的实验室中，这是因为虽然表面培养操作简便，设备简单，但也存在一些缺点，例如不易保持培养环境条件的均一性。

一般来说，表面培养的方法是：将含有许多微生物的悬浮液稀释到一定比例后，接种到琼脂培养基的固本斜面上，经保温培养，可以得到单独孤立的菌落。这种单独的菌落可能是由单一细胞形成，因而获得纯种细胞系。生长在斜面上的菌体，在4℃下可以保藏3~6个月。青霉素最初投入工业生产的时候，就是采用这种表面培养法。

微生物细胞培养如果实行工业化，靠表面培养提供足够的生长表面是很困难的。就以青霉素来说，如果采用表面培养方法生产1千克青霉素就需要100万个容积为1升的培养瓶。这需要消耗大量的人力、能量和培育空间。所以在工业生产上，表面培养法很快被深层培养法所取代。

深层培养是一种适用于大规模生产的培养方式。采用深层培养法易于获得混合均一的菌体悬浮液，从而便于对系统进行监测控制。同时，深层培养法也容易放大到工业规模。深层培养法基本上克服了表面培养法的缺点，成为大量培养微生物的一个重要方法。在深层培养中，菌体在液体培养基中处于悬浮状态，空气中的氧气通过通气装置传入到细胞。

实验室里的小型分批深层培养，常采用摇瓶。将摇瓶瓶口封以多层纱布或高分子滤膜以阻止空气中的杂菌或杂质进入瓶内，而空气可以透过封口进入瓶内供菌体呼吸之用，摇瓶内盛培养基，经灭菌后接入菌种，然后，在摇床上保温振荡培养。摇瓶培养法是实验室获取菌体的常用方法，也用做大规模生产的种子培养。

工业上大规模培养微生物一般是在大型发酵罐中进行的。大型罐具有提高氧利用率、减少动力消耗、节约投资和人力，并易于管理的优点。目前通用的气升式发酵罐最大容积达3000立方米。现在的培养罐一般采用计算机自动化控制，自动收集和分析数据，并实现最佳条件的控制。

在微生物细胞培养中，不能不提到同步培养法。在同步培养法中，通过控制环境条件，使细胞生长处于相同阶段，使得所有细胞同时进行分裂，即保持培养中的细胞处于同一生长阶段。同步培养法有利于了解单个微生物细胞和整个细胞群的生长或生理特性。

此外，通过对微生物生长和生理的深刻了解，可以使用一个培养罐来同时培养两个或两个以上的微生物细胞。在混合培养条件下，微生物之间存在各种关系。一种是互不相干，一种微生物细胞的生长不因另一种微生物细胞的存在而改变，如链球菌和乳酸杆菌的恒化培养。另一种是互生关系，两种菌相互提供对方生长所需的营养物质或消耗其生长抑制剂。例如，一种假单胞菌依赖甲烷作为其唯一碳源和能源，在有一种生丝微菌存在时，生长更好，前者生长时产生的甲醇对其生长和呼吸有抑制作用，而生丝微菌能消耗甲醇而消除抑制。还有，如细菌可以产生酶来分解抗生素，使其同伴能够生长。还有的细菌产生的化合物为其同伴的碳源或能源，而有利于同伴的生长。

植物克隆技术

植物的无性繁殖在农业上早已广泛采用，甚至有一些植物本身就能通过地下茎或地下根来繁殖新个体，"无心插柳柳成荫"便是一个例证。但人工的植物克隆过程却不这么简单。我们可通过植物组织培养进行无性繁殖。

所谓植物组织培养就是在无菌条件下利用人工培养基对植物体的某一部分（包括原生质体、细胞、组织和器官）进行培养。根据所培养的植物材料不同，组织培养可分为5种类型，即愈伤组织培养、悬浮细胞培养、器官培养、茎尖分生组织培养和原生质体培养。通过植物组织培养进行的无性繁殖在作物脱毒和快速繁殖上都有着广泛的应用。回顾其发展历程，是在无数科学家的不懈努力之下，方使这项技术趋于完善，趋于成熟。

无论植物还是动物，都是由细胞构成的，细胞是生物体的基本结构单位和功能单位，如果具有有机体一样的条件时，每个细胞应该可以独立生活和发展。

在施莱登和施旺新发展起来的细胞学说的推动下，德国著名植物生理学家哈布兰特提出了高等植物的器官和组织可以不断分割，直到分为单个细胞的观点。他认为植物细胞具有全能性，就是说，任何具有完整细胞核的植物细胞，都拥有形成一个完整植株所必须的全部遗传信息。为了论证这一观点，他在无菌条件下培养高等植物的单个离体细胞，但没有一个细胞在培养中发生分裂。哈布兰特实验失败是必然的，因为当时对离体细胞培养条件的认识还非常有限。1904年，德国植物胚胎学家汉宁用萝卜和辣

植物组织培养

根的胚进行培养，长成了小植株，首次获得胚培养成功。后来其他学者进行了一些探索性实验研究，直到20世纪30年代才出现突破性进展。

到了20世纪30年代中期，植物组织培养领域出现了两个重要发现，一是认识到B族维生素对植物生长具有重要意义，二是发现了生长素是一种天然的生长调节物质。导致这两个发现的主要是怀特和高斯雷特的实验。1934年，怀特由番茄根建立了第一个活跃生长的无性系，使根的离体培养首次获得真正的成功。起初，他在实验中使用包含无机盐、酵母浸出液和蔗糖的培养基，后来他用3种B族维生素（吡哆醇、硫胺素和烟酸）取代酵母浸出液获得成功。与此同时，高斯雷特在山毛柳和黑杨等形成层组织的培养中发现，虽然在含有葡萄糖和盐酸半胱氨酸的knop溶液中，这些组织也可以不断增殖几个月，但只在培养基中加入了B族维生素和生长素以后，山毛柳形成组织的生长才能显著增加。

在20世纪40年代和50年代，由于另外一类植物激素——细胞分裂素的发现，使得组织培养的技术更加完备。1948年，在烟草茎切段和髓培养研究中，发现腺嘌呤或腺苷可以解除生长素对芽的抑制作用，并使烟草茎切段诱导形成芽，从而发现了腺嘌呤与生长素的比例是控制芽和根分化的决定因素之一。当这一比例高时，有利于形成芽；比例低时，有利于形成根。这一惊人的发现，成为植物组织培养中控制器官形成的激素模式，为植物组织培养作出了杰出贡献。随后，在寻找促进植物细胞分裂的物质中，1956年发现了激动素，它和腺嘌呤有同样作用，可以促进芽的形成，而且效果更好。从那以后，都采用激动素或其类似物，如6-苄基腺嘌呤玉米素、Zip等代替腺嘌呤，从而把腺嘌呤/生长素公式改为根芽分化与激动素/生长素的比例有关。后来证明，激素可调控器官发生的概念对于多数物种都可适用，只是由于在不同组织中这些激素的内源水平不同，因而对于某一具体的形态发生过程来说，它们所要求的外源激素水平也会有所不同。1956年，在进行胡萝卜根愈伤组织的液体培养研究，发现其游离组织和小细胞团的悬浮液可长期继代培养，并于1958年以胡萝卜根的悬浮胞诱导分化成完整的小植株，从而证实了半个多世纪前哈布兰特提出的植物细胞全能性假说，这一成果大大加速了植物组织培养研究的发展。1965年从烟草的单个细胞发育成了一个完整的植株，进一步证实了植物细胞的全能性。由于控制细胞生长和分化的需要，对培养基、激素和培养方法都进行了大量研究，研究出了MS、White、B5等广泛用于不同植物组织培养的培养基，也创立了多种培养方法，如微室悬滴培养法、看护培养法等。这一阶段技术上的突破为植物组织培养应用于农业、工业、医药等打下了良好的基础。这一阶段是植物组织培养的最关键时期，使之达到成熟的阶段，从而使植物组织培养进入黄金时期。

据统计，在20世纪60年代初期，全世界还只有十几个国家的少数实验室从事组织培养研究，但到了70年代，植物组织培养领域仍然空白的国家已经屈指可数。由于有了前面的理论基础和技术条件，加之在20世纪60年代用组织培养快速繁殖兰花获得巨大成功之后，极大地推动了植物组织培养的全面发展，微繁技术得到广泛应用。继兰花工厂化繁殖成功之后，快速繁殖开始用于重要的、经济价值高的、名特优作物新品种，如甘蔗、香蕉、柑橘、咖啡、苎麻、玫瑰、郁金香、菊花、牡丹、康乃馨、桉树、泡桐等。继马铃薯脱毒苗的研究成功，又能生产草莓、葡萄、大蒜、苹果、枣树等大量无性繁殖植物的脱毒苗应用于生产。仅据20世纪80年代初的统计，植物组织培养进行的无性繁殖所涉及的植物就已达数千种。

植物组织培养有着广阔的应用前景，这已为近年来日益增多的实践所证实。随着研究的深入，组织培养将会显示更多的作用。

首先，在人工种子的研究与产生方面。由于植物组织培养过程中发现有体细胞胚胎产生（在形态上类似于合子胚），如果给这种体细胞胚包上一层人工胚乳就能得到人工种子。人工种子在适当条件下也能像普通种子一样萌发并生长。大量繁殖体细胞胚并制成人工种子为无性繁殖开辟了崭新的领域。建立并发展人工种子技术可以快速繁殖一个优良品种或杂种，以保持它们的优良种性和整齐度。一些名贵品种、难以保存的种子资源、遗传性不稳定或育性不佳的材料，均可采用人工种子技术进行繁殖。人工种子体积小，仅几毫米，而通常离体繁殖的体是十几或几十厘米。繁殖体小的人工种子，贮藏和运输均十分方便，而且可以像天然种子那样用机械在田间直接播种。

其次，在与基因工程结合的研究与应用方面，近年来由于通过基因工程克隆了大量有用产物的基因，特别是干扰素、胰岛素等药物已达到工业化生产的规模，植物学科受到前所未有的震动，许多生物学家和生物化学家着手开始基因工程研究，试图按人们的需要来定向地改良作物。如将抗病、抗虫、抗盐碱的基因或增强农作物光合作用的基因导入一些重要的作物中，并通过组织培养进行无性繁殖来扩增所获得的具有优良性状的植株，从而尽快应用于生产中产生经济效益。目前已有抗虫棉、抗病毒的烟草用于大田实验，引起了各方的广泛关注。科学家预言，21世纪作物的产量将大幅度提高，作物的品质将得到飞跃性的改良。

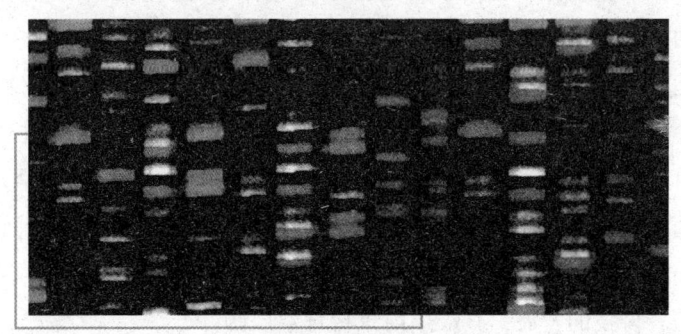

某种植物的基因图谱

再次，在生产有用产物的研究与应用上，组织培养也有广阔的前景。植物几乎能生产人类所需要的一切天然有机化合物，如蛋白质、脂肪、糖类、药物、香料等，而这些化合物都是在细胞内合成的。因此，通过植物组织培养对植物的细胞、组织或器官进行无性繁殖，在人工控制的条件下有可能生产这些化合物。这个目标一旦实现，就会改变过去靠天、靠阳光种植作物的传统农业，而成为工厂化农业生产，从而摆脱老天爷的支配，并为人类进军其他星球建立空间工厂化农业来提供粮食、药品等打下坚实基础。这种神奇的理想，随着科技的发展一定能够实现。

由于环境污染的日益加剧，植物种质资源受到极大威胁，大量有用基因遭到灭顶之灾，特别是珍贵物种。用细胞和组织培养法低温保存种质，抢救有用基因的研究已引起世界各国科学家和政府的广泛重视，进展很快。像胡萝卜和烟草等植物的细胞悬浮物，在$-20℃\sim-196℃$的低温下贮藏数月，尚能恢复生长，再生成植株。如果南方的橡胶资源库能通过这种方法予以保护，将为生产和研究提供源源不断的原材料。

最后是理论研究上的应用。理论是在实践的基础上总结并发展起来的，对实践具有一定指导作用，同时实践的发展又能推动理论研究的深入及更新。植物组织培养作为一门技术，在植物学的各个方面都得到了广泛应用，推动了植物遗传、生理、生化和病理学的研究，它已成为植物科学研究中的常规方法。

花药和花粉培养获得的单倍体和纯合二倍植物，是研究细胞遗传的极好材料。在细胞培养中很易引起变异和染色体变化，从而可得到作物的新类型，为研究染色体工程开辟新途径。

细胞是进行一切生理活动的场所，植物组织培养有利于了解植物的营养问题，对矿物质营养、有机营养、植物激素的作用机理等可进行深入研究，比自然条件下的实验条件易于控制，更能得出有说服力的结论。

采用细胞培养鉴定植物的抗病性也会变得简便有效，能很快得到结果。

我们可以看出，植物克隆技术已渗透到农、工、医及人民生活的各个方面，随着科技的发展，其应用前景将日益广阔。

动物克隆技术

我们都知道包括人类在内的高等动物,严格按照有性繁殖的方式繁衍后代,即分别来源于雌雄个体的卵细胞和精子细胞融合,形成受精卵,受精卵经过不断分裂最后孕育成一个新的个体。也就是说,在高等动物体内,只有受精卵能够实现细胞的全能性。这种有性生殖的后代分别继承了父母各一半的遗传信息。

鉴于此,科学家们设想,能不能借受精卵,甚至卵细胞实现动物细胞的全能性,使高等动物进行无性繁殖,获得大量完全相同的动物"拷贝"。

我们已经知道,克隆为无性繁殖,即不需要精子参与,细胞或动物个体数量就可不断地繁殖增多,好像是一种工业产品按一定模型不断复制一样,以这种方式复制出来的动物外形、性能和基因类型等完全一样。该项技术可以迅速加快良种家畜的繁殖,使大力发展畜牧业呈现出广阔的前景,也为发育生物学、遗传学等学科的研究和发展,进一步揭示生命的奥妙广开门路,提供非常美妙的方法。目前克隆哺乳动物的方法由简单到复杂有以下几种:

胚胎分割

将未着床的早期胚胎用显微手术的方法一分为二、一分为四或更多次地分割后,分别移植给受体内让其妊娠产仔。由1枚胚胎可以克隆为2个以上的后代,遗传性能完全一样。胚胎二分割已克隆出的动物有小鼠、家兔、山羊、绵羊、猪、牛和马等。我国除马以外,以上克隆动物都有。胚胎四分割的克隆动物有小鼠、绵羊、牛。我国胚胎四分割以上克隆动物均有。

胚胎细胞核移植

用显微手术的方法分离未着床的早期胚胎细胞(分裂球),将其单个细胞导入去除染色质的未受精的成熟的卵母细胞,经过电融合,让该卵母细胞胞质和导入的胚胎细胞核融合、分裂、发育为胚胎。将该胚胎移植给受体,让其妊娠产仔。理论上讲,一枚胚胎有多少个细胞,就可克隆出多少个后代。亦可将克隆出胚胎的细胞再经过核移植连续克隆出更多的胎，得到更多的克隆动物。目前胚胎细胞核移植克隆的动物有小鼠、兔、山羊、绵羊、猪、牛和猴子等。我国除猴子以外，其他克隆动物都有，亦连续核移植克隆山羊。该技术比胚胎分割技术更进了一步，将克隆出更多的动物。因胚胎分割次数越多，每份细胞数越少，发育成个体的能力越差。

转基因兔

胚胎干细胞核移植

将胚胎或胎儿原始生细胞经过抑制分化培养，让其细胞数成倍增多，但细胞不分化，每个细胞仍具有发育成一个个体的能力。将该单个细胞利用以上核移植技术，将其导入除去染色质的成熟的卵母细胞内克隆胚胎，经移植至受体，妊娠、产仔、克隆动物产生。从胚胎理论上讲，可以克隆出成百或更多的动物，比以上胚胎细胞核移植可克隆出更多的动物。目前只有小鼠分离克隆出胚胎干细胞系，克隆出小鼠。牛、猪、羊、兔只分离克隆出胚胎类干细胞。该细胞移植已克隆出牛、猪、兔和山羊的后代。我国已分离出小鼠胚胎干细胞系，有嵌合体小鼠产生；已分离出兔、牛和猪胚胎类干细胞，传代2代，但还未能产出个体。

胎儿成纤维细胞核移植

由妊娠早期胎儿分离出胎儿成纤维细胞，采用如上核移植的方法克隆出胚胎，经移植受体，妊娠产仔，克隆出动物个体。

体细胞核移植

将动物体细胞经过抑制培养细胞处于休眠状态，采用以上核移植的方法，将其导入去除染色质的成熟的卵母细胞克隆胚胎，经移植受体，妊娠产仔，克隆出动物。从理论上讲，这可以无限制地克隆出动物个体。该项技术的突破，有人讲可以和原子弹最初爆炸相提并论，其科学和生产应用价值巨大。

胚胎嵌合

将两枚胚胎细胞（同种或异种动物胚胎）变合共同发育成为一个胚胎为嵌合胚胎。将该胚胎移植给

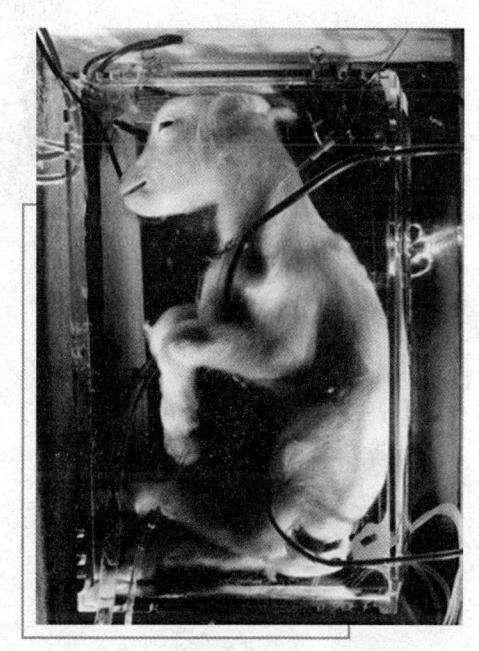

克隆野牛诺亚

受体，妊娠产仔，如该仔畜具有以上2种动物胚胎的细胞称之为嵌合体动物。嵌合体一词起源于希腊神话，它是指狮头、羊身、龙尾的一种怪物。如同种类黑鼠和白鼠胚胎嵌合，生下黑白相间的花小鼠。不同种的绵羊和山羊胚胎细胞嵌合，可生下绵山羊，既有绵羊的特征，又有山羊的特征。该技术多应用于发育生物学、免疫学和医学动物模型等学科的研究。利用该项技术亦可检测动物胚胎干细胞的全能性，即将胚胎干细胞和同种动物胚胎嵌合，如生下嵌合体，包括生殖系在内组织细胞嵌合，即可确认该干细胞具有全能性。在畜牧业生产中亦具有重要意义，如对水貂、狐狸、绒鼠等毛皮动物，利用嵌合体可以得到按传统的交配或杂交法不能得到的皮

毛花色后代，提高毛皮的商品性能，可以克服动物间杂交繁殖障碍，创造出新的物种。亦设想利用该项技术可以进行异种动物彼此妊娠产仔，加快珍稀动物的繁殖，如利用其他动物代替珍贵的大熊猫妊娠产仔，加快国宝的繁殖，亦可通过该技术培育出含人类细胞的猪，使猪器官能为人类器官移植用。亦可将外源基因导入一种细胞和胚胎相合，可以生下含该外源基因的嵌合体动物，

克隆老鼠拉夫尔

亦可遗传下去，具有重要的研究和生产应用价值。目前嵌合体动物有小鼠、大鼠、绵羊、山羊、猪和牛等；种间嵌合体动物有大鼠—小鼠嵌合体，绵羊—山羊嵌合体，马—斑马嵌合体，牛—水牛嵌合体。我国有嵌合体动物小鼠、家兔和山羊。

克隆人类

"多利"已经把生物界乃至全世界都搅得沸沸扬扬，就是因为"多利"没有父亲，它是由一头母羊的体细胞复制而成。科学家认为，从理论上讲，这种基因工程技术可用来复制人类。果真如此的话，那么人类将面临十分尴尬的境地。人类究竟能否复制自己呢？

从理论上说，克隆人类是完全可能做到的，但事实并不那么简单。

技术是一把双刃利剑，利用得好可以给人类带来福音，利用得不好将带给人类无尽的灾难，问题的关键在于人类如何去利用技术和控制技术。

对"克隆人"的恐惧，多次地出现在科幻小说家的笔下。在这些作品中，科学家或通过"克隆"技术造出一群强壮冷漠、没有感情和个性，只知道执行命令的标准人，或者"克隆"出希特勒式的战争狂人。当然，复

克隆爱因斯坦的想象图

制爱因斯坦和贝多芬之类的大科学家、大艺术家,也成为科幻世界里"开辟"人类未来的途径。

1978年,一名美国作家写了一本书,名为《人的复制——一个人的无性繁殖》。书中描写了一个美国百万富翁花重金请人通过"克隆"技术,利用一名越南处女的去核卵细胞"克隆"出一个自己的故事。在该书的出版宣传中,作者称这是根据真实故事改写的,于是,立即引发了一场全国范围的恐慌。美国国会为此召开了一个特别听证会,请许多生物学家和社会学家讨论这一科学事件可能引发的社会及伦理后果。但该书作者却始终逃避参加听证,最后,迫于强大的社会及舆论压力,他才不得不承认,该书是一本纯属虚构的科幻小说,有关"取自事实"之说,完全是一种商业促销手段。自此,一场虚惊才算平息下来。

事实上围绕着人的克隆问题的争论一直很激烈,因为它涉及社会伦理问题。

首先无性繁殖复制的人体,将彻底搞乱世代的概念。克隆技术打乱了传统的生育观念和生育模式,使生育与男女结婚紧密联系的传统模式发生改变,降低了自然生殖过程在夫妇关系中的重要性,使人伦关系发生模糊、混乱乃至颠倒,进而冲击传统的家庭观以及权利与义务观。其中最主要的表现为对家庭这一社会主要细胞的破坏。从有性繁殖至无性繁殖,一旦扩及人类及每个人，影响极为深远，而且夫妻、父子等基本的社会人伦关系也会相应消失。从哲学上讲，这是对人性的否定。

克隆人与细胞核的供体既不是亲子关系，也不是兄弟姐妹的同胞关系。他们类似于"一卵多胎同胞"，但又存在代间年龄差。这将在伦理道德上无法定位，法律上的继承关系也将无以定位。假设"克隆人"解决了"生物学父母亲"的界定问题，试问"克隆人"有无在"生物学父母""代理母亲"和"社会父母"中选择父母和更换父母的自由？抚养"克隆人"的义务和权利归属于谁？"克隆人"对谁的遗产具有继承权？从医学伦理角度审视，可以发现这些父母都是不完全的父亲和母亲，可说是父将不父，母将不母，子将不子，地道的三不像。在这种组合的家庭中，伦理的模糊、混乱和颠倒很容易导致心理上、感情上的扭曲，播下家庭悲剧的种子。

还有一种可怕的情况是，如果采用匿名或无名体细胞核，"克隆人"一出生就将成为"生物孤儿"，这对孩子是公平、道德的吗？无名或匿名体细胞核的大量应用加上卵子库的开放，弄得不好有可能孕育出一批批同父同母群、同父异母群和同母异父群，甚而近亲配偶群，并随着时间的推移形成恶性循环，增加人类基因库的负荷，影响人类生命质量。更有甚者，以某男子或女子的体细胞核为"种子"，可由其妻子、女儿、母亲或孙女孕育出"克隆人"，祖孙三代由同一来源的"种子"生出遗传性质完全相同的人，该是多么荒唐的人伦关系，令人不可思议。

其次，克隆人破坏了人的尊严。人们已经对"复制"人提出如下批评，说它使人失尊严。人在实验室里的器皿中像物品一样被制造出来，这样无性繁殖的人不是真正的人，而只是有人形的自动机器。每个生命都是独一无二的，都有独特的个人品性，"复制人"恰恰剥夺了这一点。

再次，人类生育模式由于克隆人技术的成熟，正在或将要经受新的考验。传统的生育模式无疑仍将占主要地位，但在某些特殊情况下，如对于患有遗传性疾病、先天性疾病和癌瘤易感家族以及在含有高剂量致突变物、致癌物和致畸物环境中工作和生活的人群，采用人工授精、胚胎移植或体外孕育等生育模式作为补充模式正受到人们的关注。尽管这些补充模式存在许多伦理道德问题，但从根本上说，由于没有脱离精卵结合进行生育的规则，在特殊情况下被应用还是可以得到理解的。"克隆人"一旦出现，将彻底打破人类生育的概念和传统生育模式，克隆人系无性繁殖，不仅打破了传统繁衍后代的清规戒律，而且在深层次科学意义上彻底打破后代只能继承前辈的遗传性质却有别于前辈的框框，复制出 2 个乃至众多遗传性质完全相同的人。传统生育模式中离不开男性和女性，他们各司其责，提供精子和卵子。现代生殖工程也遵循这种生育模式。"克隆人"的生育模式则完全不同，它不一定非要男性不可，也不需要精子，只要有体细胞核和卵子胞浆（即去核卵子）即可。这样，对于单身女子，可以取出自乳腺细胞的核，移植到自己的去核卵中形成重构卵，重构卵再移植到自己的输卵管中，即可发生正常的怀孕，在子宫里发育成胎儿并分娩。这种"自己生自己"的生育模式存在许多解决不了的难题。

另外，克隆人还可能造成人类的性别比例失调。人类在自然生育中性别比例基本保持1：1，这是携带 X 染色体的精子和携带 Y 染色体的精子与只携带 X 染色体的卵子有同等机会相结合之故。含 XX 染色体的受精卵发育成女孩，含 XY 染色体的受精卵则发育成男孩。克隆技术使来源于男子体细胞核的胚胎发育成男孩，源于女子体细胞的胚胎发育成女孩，无需进行性别鉴定便可知是男是女。因此，如果在一个有性别偏向观念的区域和国家，由于克隆人技术的应用，很容易使人口性别比例发生失调和偏差，特别在比较落后的封建国家和农村地区。性别比例失调导致一系列严重社会和道德伦理问题。

还有，如果克隆人是为了"优生"，这里也存在严重的伦理问题。这种"优生"克隆规划由谁来实施？如果由国家来实施，那么国家就要建立一个委员会来将国民加以分类：值得克隆的优良国民，与不值得克隆的劣等国民。这样做，那就同纳粹的"优生"不远了，或者说那是在完成希特勒未完成的事业。如果由家庭或夫妇来决定克隆家庭哪个成员或哪个孩子，这也存在类似的问题：将家庭成员或自己的孩子分成值得克隆的优良者与不值得克隆的劣等者。

"克隆"技术仅是"复制"，而"两性"繁殖将出现基因的新的组合。克隆人会导致人类基因库的单一性，多样性的丧失，对人类的前途不利。

从技术的角度而言，无性繁殖自有其限度。利用体细胞生产各种克隆体虽数量有限，但质量无法保证。从遗传的角度而论，通过父母的结合使父母双方的遗传基因相混合，有可能使子女在质量上超过父母。单靠体细胞做无性繁殖，子女的质量根本无法超过母体。在自然界，生命繁殖开始时都是无性的，后来才发展成为有性。有性繁殖增加了变异的可能性。无性繁殖导致群体的每个个体都一样，从而增大了这个物种消灭的风险，而有性繁殖则使生物的可能的变异在群体中大大增加，从而增强了物种的竞争力、适应力，这是生物进化中非常重要的环节。生物需要多样性，人类同样需要多样性。如果人类都"优生"成为理想之人，很可能一种怪病毒就可使全人类遭到灭顶之灾。据说英国患疯牛病的牛就是经长期"优生"出来的好牛，但对疯牛病毫无抵抗力，倒是一种土牛不怕疯牛病，救了英国的畜牧业。而克隆技术将终止人类这种多样性进化的可能，也就终止了人类社会的发展，最终导致人类自身的毁灭。

克隆人的问题再一次说明，在技术上有可能做的不一定就是在伦理学上应该做的。虽然克隆人在技术上有可能做，但在伦理学上不应该做。因而，发展克隆技术，不要克隆人的方针是正确的。

我国的克隆成果

我国的科学家一直是世界上最勤奋刻苦的科学家，我国的克隆技术处于世界先进水平。

我国已经成功克隆出鼠、兔、猪、牛、羊5种哺乳动物。

1990年5月，我国哺乳动物的核移植首先在山羊上取得突破。西北农大畜牧所张涌教授等人用2年的时间用核移植的办法得到了一只克隆山羊。

这是世界首批克隆山羊。山羊的核移植之所以在世界上没人搞，因为存在着一些认识上的误区：山羊胚胎基因开始激活的时间比较早（2细胞时期），核移植比较困难。经过大量的调查研究后我国科学家发现，这种说法在理论上是不成立的。

1992年，江苏农科院培育成功了克隆兔子。当时主持这项研究、现已

我国首例体细胞克隆山羊"阳阳"

退休的范必勤教授说,他的这项工作进行得比较顺利,约半年时间就获得成就。

1994年7月,2所大学的科研人员从黄牛的卵巢中取出未成熟的卵母细胞,在体外培养成熟后,吸出其细胞核。另一些培养成熟的卵细胞则用黑白花公牛的冷冻精液进行体外受精,得到体外精的杂种胚胎。将胚胎细胞

我国首批本土克隆牛

打散为单个细胞后,再将一个细胞注入上述去核的卵母细胞卵周隙内,用电激法把两者融合,融合后的克隆胚胎经体外培养9天后,将它植入同期发情的奶牛子宫内,经孕育成熟足月,就产下这头完全体外化的奶牛、黄牛杂种克隆牛。这是国内首例应用完全体外化技术进行的牛核移植。

1995年7月,华南师大与广西农大合作,通过核移植获得一头克隆牛。

1995年10月,在西北农业大学畜牧所,我国首窝克隆猪6只诞生。实验是首先把猪的胚胎用手术分成单个细胞,再到屠宰场取猪的卵巢,把卵母细胞取出来,进行体外培养成熟,再把卵母细胞染色质去掉,单个细胞用显微操作放进卵母细胞的卵周隙,进行电融合,细胞质和细胞核同时重新发育为一个胚胎,再用手术操作把胚胎移植到受体猪的输卵管里,妊娠产仔。专家们共移植了15头猪,有一头产了6个仔。

1996年12月,6只克隆鼠在湖南医科大学人类生殖工程研究室又一次诞生。

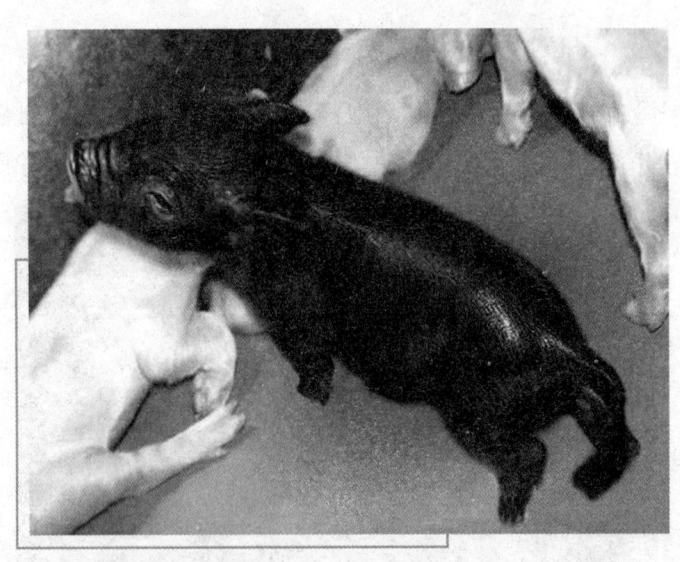

我国第一头体细胞克隆猪

1999年1月,中国科学家周琪在法国获得卵丘细胞克隆小鼠,在国际上首次验证了小鼠成年体细胞克隆工作的可重复性,于2000年5月用胚胎干细胞克隆出小鼠"哈尔滨",并于2000年10月获得第一只不采用"多利羊"专利技术的克隆牛。

中国科学院动物研究所研究员陈大元领导的小组将大熊猫的体细胞植入去核后的兔卵细胞中，成功地培育出了大熊猫的早期胚胎。

1999年和2000年扬州大学与中科院发育所合作，用携带外源基因的体细胞克隆出转基因的山羊。

2000年6月，中国西北农林科技大学利用成年山羊体细胞克隆出两只"克隆羊"，但其中一只因呼吸系统发育不良而早夭。据介绍，所采用的克隆技术为该研究组自己研究所得，与克隆"多利"的技术完全不同，这表明我国科学家也掌握了体细胞克隆的尖端技术。

2002年我国首批成年体细胞克隆牛群体诞生。

2005年8月，中国农业大学成功地获得我国第一头体细胞克隆猪，这是我国独立自主完成的首例体细胞克隆猪，填补了我国在这一领域的空白。这头克隆小香猪的诞生表明我国在此项研究上已经达到了国际先进水平。猪的体细胞克隆难度比牛、羊大得多，此前仅有英国、日本、美国、澳大利亚、韩国及德国获得过猪的体细胞克隆后代，我国因此成为第七个拥有自主克隆猪能力的国家。

2009年1月，山东省干细胞工程技术研究中心、烟台毓璜顶医院成功获得人体细胞克隆胚。此项研究中，12位30～35岁的健康志愿者提供了135枚卵母细胞，供核细胞有2种：健康成人纤维细胞与帕金森病患者的外周血淋巴细胞。研究者采用三维偏振光仪准确定位卵母细胞纺锤体，再用微激光对卵母细胞的透明带打孔，精确剔除卵母细胞核，然后将供核细胞注入去核的58枚卵母细胞内，融合后形成重构胚，最后共产生5枚囊胚，囊胚率为19.2%（5/26）。产生的囊胚经STR-DNA鉴定及线粒体DNA遗传多态性分析，证实胚胎细胞核的遗传信息来自供体细胞，胞浆线粒体遗传信息来自供体与受体细胞。

这是我国首次在国际上公开发表关于人体细胞克隆胚胎的文章，有专家认为，此项研究的意义在于应用帕金森病患者外周血淋巴细胞作为供体细胞也成功获得囊胚，使我国治疗性克隆研究取得了新的进展，为糖尿病、阿尔茨海默病、帕金森病等患者带来了新的希望。

人类基因组计划

人类基因组计划的含义

现代遗传学家认为,基因是 DNA 分子上具有遗传效应的特定核苷酸序列的总称,是具有遗传效应的 DNA 分子片段。基因位于染色体上,并在染色体上呈线性排列。基因的功能不仅可以通过复制把遗传信息传递给下一代,还可以使遗传信息得到表达。不同人种之间头发、肤色、眼睛和鼻子等的不同,就是基因差异所致。

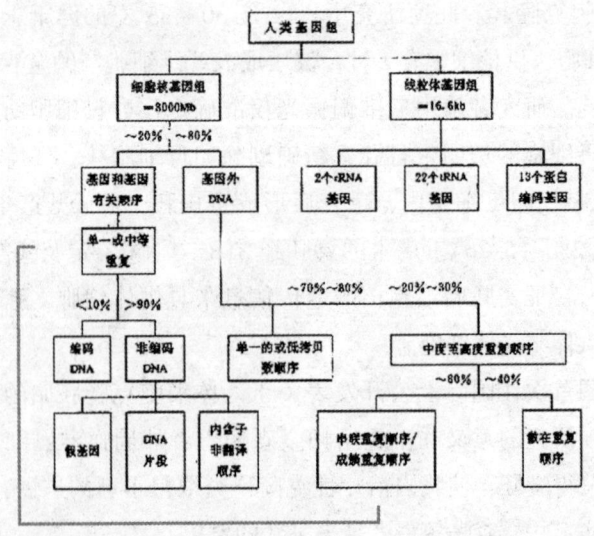

人类基因组结构

人类基因组由23条染色体，约30亿对核苷酸构成，大约有3万~4万个基因。1986年，著名生物学家、诺贝尔奖获得者雷纳托·杜尔贝科在《科学》杂志上率先提出"人类基因组计划"引起学术界巨大反响和热烈争论，经两次会议研究后，1988年美国国会批准由国立卫生研究院和能源署负责执行。1990年10月，美国政府决定出资30亿美元正式启动"人类基因组计划"，并由因提出DNA分子双螺旋模型而获诺贝尔奖的沃森出任"国家人类基因组研究中心"第一任主任。这是一项全球性的大型科学研究项目，对生命科学的发展具有巨大的理论价值和实用价值。基因组学作为一门新兴学科也应运而生。

此后成立了国际性组织——人类基因组组织，并由它组织国际性的合作研究。

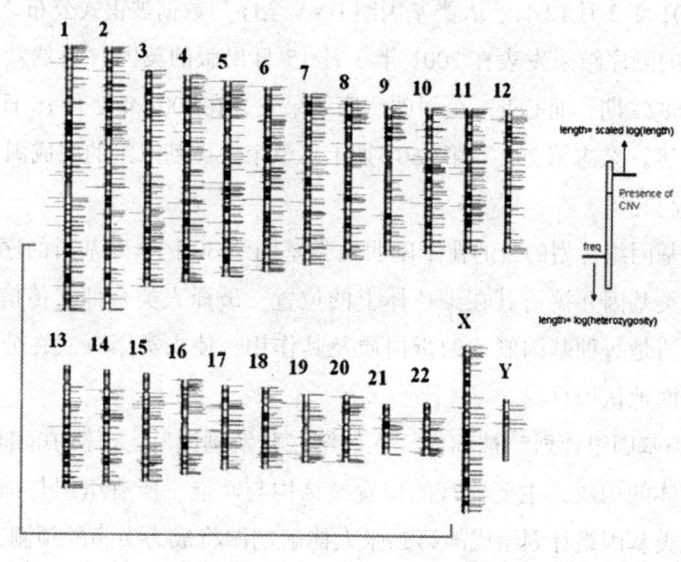

人类第一份完整的个人基因组图谱

1992年法国研究组构建了1~1Mb YAC文库，生产了大量的遗传标记，首先绘制出21号染色体长臂的重叠酵母人工染色体克隆，引起了科学界的轰动。1992年在巴西还召开了第一次南北人类基因组会议，使发展中国家也参与了这项研究，并提出"人类遗传多样性项目"，得到与会各国支持。我国于1993年正式组织人类基因组研究，标志我国也正式参与了这一世界

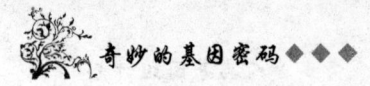

性宏伟的科学研究工程。两年后在上海和北京分别成立了国家人类基因组南、北两个研究中心。1999年7月,我国在国际人类基因组注册,承担了其中1%的测序工作,即第3号染色体3000万个碱基的测序,简称"1%项目"。

1998年5月9日,曾在美国NIH工作,后辞职到私人大公司发展的科学家Craig Venter教授和全球最大的DNA自动测序仪生产厂家Perkin. Elmer公司宣布,他们要组建一家以盈利为目的的私立风险投资公司——Celera Genomics,并宣称他们将在无政府投资条件下早于多国合作小组完成人类基因组计划,投资3亿美元在3年内大体上完成人类基因组的全部测序。

2000年6月26日,参与完成人类基因组计划的美、英、德、法、日和中国6个国家16个基因中心同时宣布人类基因组"草图"(工作框架图)完成。2001年2月12日,人类基因组DNA全序列数据被正式公布。由多国合作小组的测序结果发表在2001年2月15日出版的英国《自然》杂志第409卷第6822期,而Celera公司的测序结果发表在2001年2月16日出版的美国《自然》杂志第291卷第5507期上。整个人类基因组的完成图于2003年4月绘制完毕。

人类基因组计划的目的在于阐明人类基因组30亿个碱基对的序列,发现所有人类基因并搞清其在染色体上的位置,破译人类全部遗传信息,从而最终弄清楚每种基因制造的蛋白质及其作用,使人类第一次在分子水平层面上全面地认识自我。

"人类基因组计划"被称为"人体第二张解剖图"。人体的解剖图告诉了我们人体的构成,主要器官的位置、结构与功能,所有组织与细胞的特点。而人类基因组计划绘成的第二张人体解剖图将成为疾病的预测、预防、诊断、治疗及个体医学的参照,将奠定21世纪生命科学、基础医学与生物产业的基础。

随着人类基因组逐渐被破译,一张生命之图已被绘就,人们的生活也将发生巨大变化。人类基因组共31.647亿bp(bp是bose pair的简称,也就是一个碱基对),约含3万~4万个基因。基因药物已经走进人们的生活,利用基因治疗更多的疾病不再是一个奢望。因为随着我们对人类本身的了解迈上新的台阶，很多疾病的病因将被揭开，药物就会设计得更好些，治疗方案就能"对症下药"，生活起居、饮食习惯有可能根据基因情况进行调整，人类的整体健康状况将会提高，21世纪的医学基础将由此奠定。

我国是承担国际人类基因组计划的唯一的发展中国家。参与完成人类基因组计划的6个国家中，除中国外其他均为发达国家。这标志着我国已掌握生命科学领域中最前沿的大片段基因组测序技术，在开发和利用宝贵的基因资源上已处于与世界发达国家同步的地位，在结构基因组学中占了一席之地。

我国人类基因组研究以研究疾病相关基因和重要生物功能基因的结构与功能研究为重点。我国开展人类基因组计划的起点较高，一开始就把结构与功能联系起来。经过几年的努力，我国在克隆神经性耳聋致病基因、多发性骨疣致病基因、肝癌相关基因、鼻咽癌相关基因和白血病诱导分化相关基因等方面取得了许多进展。

我国是多民族国家，在我国大地上长期生活着许多相对隔离的民族群体，这是我国在人类基因组研究中具有的独特优势。我国已建立了西南、东北地区12个少数民族和南、北两个汉族人群永生细胞株，开展了多民族基因组多态性的比较研究。

中国人基因组图谱

2000年4月我国科学家率先完成了绝大部分测序任务,序列覆盖率达90%以上。2001年8月,我国率先绘制出人类基因组1%的完成图。

"人类基因组计划"是一项改变世界的科学计划;也是一项深深影响我们每个人生活的科学计划。它将改变我们的哲学、伦理、法律等观念;它将对社会、经济产生重大影响,这种影响现已显现于世。

人类基因组计划具有重大科学的、经济的和社会的价值。该计划的实施将极大地促进生命科学领域一系列基础研究的发展,阐明基因的结构与功能关系,细胞的发育、生长、分化的分子机理,疾病发生的机理等;为人类自身疾病的诊断和治疗提供依据,为医药产业带来翻天覆地的变化;促进生命科学与信息科学相结合,刺激相关学科与技术领域的发展,带动起一批新兴的高技术产业;基因组研究中发展起来的技术、数据库及生物学资源,还将推动农业、畜牧业(转基因动、植物)、能源、环境等相关产业的发展,改变人类社会生产、生活和环境的面貌。

"人类基因组计划"首席科学家、美国国会人类基因组研究所所长弗朗西斯·柯林斯和私营塞莱拉基因公司董事长兼首席执行官莱格·文特尔握手庆贺这一生命科学的"登月计划"中的里程碑

正是由于人类基因组计划在科学上的巨大意义和商业上的巨大价值,使得一些私营的基因公司也参与到这一计划中来,因而使这一计划完成的

预计时间大大提前。人类基因组计划被称为生命科学的"登月计划",然而正如美国《时代》周刊2000年7月3日发表的文章所说,登月成功是直接的科学成就,不需要作进一步的注解,而人类基因组草图的完成仅仅是开始。这不只是因为这个草图只完成了97%的人类基因组序列的测定,仍有3%的序列需要时间去完成,更重要的是因为,即使完成了全部的测定任务,我们还不能立刻读懂这本"生命之书"。要真正读懂这本大书,还有很长的路要走。

人类基因组计划被称为生命科学的"登月计划",但它对人类自身的影响,将远远超过当年针对月球的登月计划。

人体基因的重大发现

全色盲基因

20世纪70年代科学家们发现,在太平洋的一个小岛上,居住着一群奇特的居民。这个岛属于密克罗尼西亚联邦,岛上每20个人中就有一名全色盲者,而在世界范围内,则是每50000人中才有一名色盲患者。这个岛上的

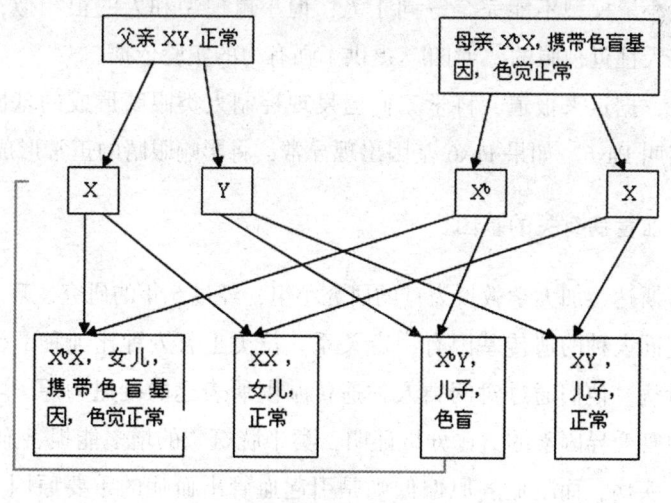

色盲遗传规律

色盲人与一般的色盲人不同,他们不仅不能正确识别颜色,而且完全看不见颜色。他们看这个世界,就像看黑白电视机一样。

这一奇怪而有趣的现象,吸引了科学家们的注意。经过30年的探索,科学家们终于找到了引起全色盲的基因。尽管目前还没有找到治愈这种病的办法,但是科学家们可以帮助人们避免出生色盲患儿。由于先天性全色盲症一般属于染色体隐性遗传,同代发病率为24.4%。根据这种病的遗传规律,科学家们就可以告诉岛上居民,应禁止近亲结婚,提倡与岛外居民通婚,尽量避免引发孩子再患全色盲的危险。

先天性近视眼基因

原上海医科大学的一位教授,利用小鼠模型进行数量遗传和多基因定位研究。他发现,先天性近视眼患者的眼球比正常人大。为寻找原因,他利用小鼠模型对此问题进行了深入研究。经过近一年的研究,他首次发现了两个控制小鼠眼球大小的基因:eye1 和 eye2。其中,eye1 位于第 5 号染色体上,eye2 位于第 7 号染色体上。研究结果表明,有 eye1 和 eye2 基因的小鼠眼球比没有这2个基因的小鼠的眼球平均增重0.5毫克。由此说明,这2个基因的有无决定了小鼠眼球的大小,有这2个基因眼球就大,反之则小。虽然小鼠模型不能完全等同于人,但小鼠模型和人的很相似,所以这为寻找先天性近视眼的"元凶"提供了强有力的实验依据。

此外,据近来报道,科学家们已发现控制人类眼睛形成的基因。这个基因起名叫Pax6。如果Pax6基因出现异常,将影响眼睛的正常形成。

与心血管病有关的基因

以哥斯达黎加大学教授为首的研究小组,经过5年的研究发现,人类的心血管病同人种的遗传基因有一定关系。拉美土著人种比纯种欧洲人更易患心血管病。他们通过对两类人种遗传基因所表达的凝血酶原、类半胱氨酸等心血管变异因素的对比分析证明,类半胱氨酸的增多能损害血管内皮,引发血栓疾病,而凝血酶原偏低则是引起血管出血症的重要原因。这个小组的研究结果显示,拉美土著人遗传基因所表达的类半胱氨酸及凝血酶原含量同欧洲人相比差异甚大,如哥斯达黎加医院血库中的血液类半胱氨酸含量高达 68.3%;哥斯达黎加人凝血酶原的含量为零,而德国人的含量较高。因此,心血管病已成为哥斯达黎加人健康最主要的杀手之一。

加拿大的科学家经过 6 年的实验,终于找到了一种心脏病致病基因,从而为预防和治疗人类心脏病带来了希望。

加拿大安大略癌症研究所的一个科研小组在实验中发现,带有一种叫做 P56LCK 基因的人容易患心脏病。这种基因能够通过感冒病毒进入心脏,导致心肌坏死。为了证实这一推测,研究人员在 6 年时间里从人体内逐步分离和确定出 P56LCK 基因,并在白鼠身上进行实验。结果发现,一旦注入感冒病毒时,体内存在 P56LCK 基因的白鼠的心肌遭到严重损害,它们多数死亡,其余则患上慢性心脏病。因此,这进一步证明 P56LCK 基因是一种心脏病致病基因。

致癌基因与抑癌基因

经过科学家们的不懈努力,迄今发现癌基因有 2 种类型:一种是病毒癌基因,来自病毒;另一种是细胞癌基因,或称原癌基因,来自宿主细胞。

关于病毒癌基因,早在 1911 年专家茹斯从病鸡身上分离到鸡的肉瘤病毒,他将这种病毒注入幼鸡体内,几天以后鸡就会出现肉眼可见的纤维肉瘤;如果用这种病毒在体外感染胚胎或纤维细胞,24 小时就可以诱发出表型转化,出现肉瘤。

近年来的研究已经证明,白血癌病毒和鸡的肉瘤病毒都是 RNA 肿瘤病毒,都具有致癌基因。例如,鸡的肉瘤病毒,具有癌基因 V-SRC,它编码一种蛋白质激酶,能使细胞质膜上的蛋白质磷酸化,促进细胞的无限生长,从而形成肿瘤。此外,人们还发现一些致癌性 DNA 病毒,如乳头瘤病毒、多瘤病毒和猴空泡样病毒等均有致癌作用。据研究,人类的恶性肿瘤约有 5% 是由病毒引起的。

细胞癌基因是在 1969 年由美国学者希布纳和托达罗首先提出的。他们认为在所有细胞中都包含致癌病毒的全部遗传信息,这些遗传信息代代相传,其中与致癌有关的信息称为癌基因。在通常情况下,癌基因处于被阻

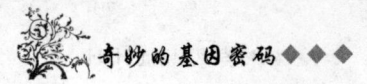

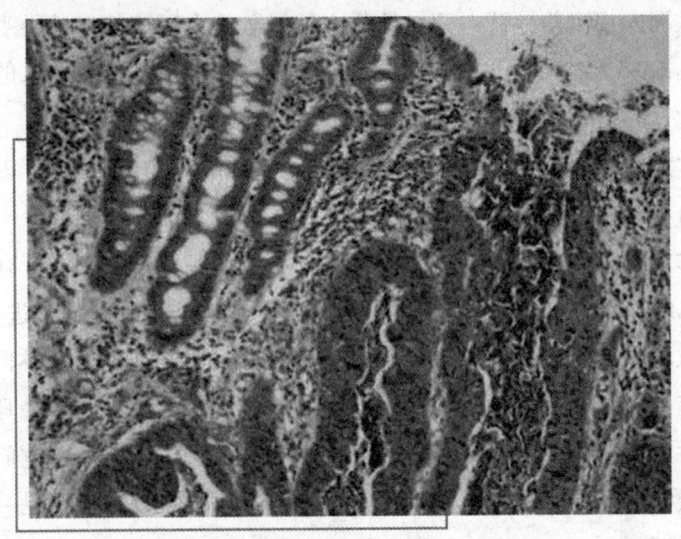

癌细胞

遏状态，只有当细胞内有关的调节机制遭到破坏的情况下癌基因才表达，从而导致细胞发生癌变。到了20世纪80年代初，由于重组DNA技术和哺乳动物细胞转化技术的发展，人们陆续发现在脊椎动物（包括人类在内）的细胞中都有类似病毒癌基因的同源DNA顺序，这些顺序称为原癌基因或细胞癌基因，它来源于正常的细胞基因。原癌基因是细胞固有的基因成分，正常情况下它不仅对细胞无害，而且具有重要的生理功能。当吸烟、病毒感染、紫外线照射时，原癌基因就有一种突变或异常的形式表达，此时原癌基因就成了癌基因。

无独有偶，人们近年来又发现有抑癌基因。

意大利米兰欧洲肿瘤研究所的一个研究小组发现，一种被称为PML的基因能阻止肿瘤细胞的生成。进一步研究结果显示，当一个细胞出现变异迹象时，PML基因很快就会"感觉"，并被激活，继而它又会作用于P19和P53两种基因，这两种基因有抑制肿瘤细胞形成的功能。因此，在PML基因产物增加时，基因P53和P19被激活，肿瘤细胞随之死亡。

由此可以看出，虽然目前科学家们还没有找到彻底治愈癌症的有效方法，但人们已有了许多预防癌症的有效措施。

肥胖基因和苗条蛋白

现在人们的生活水平提高了，许多人都在注意减肥。人们过去通常认为肥胖主要与饮食和环境因素有关系。其实，肥胖是一个复杂的生理和病理过程，与多种严重危害人类健康的疾病有密切关系。近几年来，人们认识到肥胖也与基因有关系。

我们经常会遇到这样的现象：为什么吃同样的东西，有些人胖，有些人瘦呢？这暗示了可能与不同人的遗传基因差别有关。通过对小鼠的研究，科学家们发现5种单基因突变可以引起小鼠遗传性肥胖。其中最受重视的是肥胖基因，命名为Ob基因。1994年底弗里德曼成功克隆了小鼠的Ob基因，并确定了其所编码的蛋白质。Ob基因位于小鼠的第6对染色体上，它仅在白色脂肪组织中得到表达，编码的蛋白可作用于下丘脑，产生抑制摄食、减轻肥胖、减少体重的效应。所以有人称这种蛋白为"苗条蛋白"或"瘦小素"。如果把"瘦小素"移植到老鼠身上验证，就会发现老鼠体重会下降12%，这说明人体如果有了"瘦小素"以后，就有可能既可满足食欲，又不会长胖。但在人身上的作用究竟如何呢？这还需要进一步的试验。Ob基因既然编码"瘦小素"，又为什么叫肥胖基因呢？因为Ob基因发生突变或者"瘦小素"发生变化以后，都能引起小鼠或大鼠发生肥胖。至于人类的肥胖症是否与肥胖基因突变有关，尚待科学家们进一步的研究。

人类性格基因

我们知道，有的人性格开朗，有的人沉闷，有的人爱生气……人类性格的这种差别，根源到底是什么呢？有人会说，这是由遗传和环境决定的。但是，这又是怎么决定的呢？一般的观点是，人的外貌是由遗传决定的，而人的性格则是由环境所造成的。然而，我们不禁要问，难道人的外貌就没有环境的作用？难道人的性格和遗传就没有任何关系吗？

近年来，科学家们在寻找人类性格基因方面迈出了重要一步。在美国、以色列等国及欧洲就发现有15%以上的人具有暴躁、好奇、冲动、好走极端等性格基因，发现这种基因后，科学家们就可以对症治疗或设法缓解病

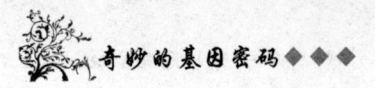

人的症状了。性格基因最突出的是自杀基因,这个基因与家族遗传有关,比如作家海明威是自杀的,其父母、兄弟也都是自杀的。

科学家们还发现了"忠诚基因"。美国埃默尔大学的科学家们最近发现了一种与普通老鼠不同的大草原田鼠。这种田鼠对配偶极为忠诚,它们全都对"妻子"从一而终,这引起了科学家们的注意。他们通过 DNA 分析,发现大草原田鼠的 DNA 链中有一种基因,专门负责使它们一辈子只忠诚一个配偶,并且对孩子悉心照料。进一步研究,科学家们把这种基因注入普通老鼠体内,结果发现,普通老鼠也具备了大草原田鼠的这种特点。

科学家们对首次发现这种基因十分兴奋,因为他们不但在老鼠身上取得了实验成功,而且在灵长类动物身上也很奏效。这足以证明在人体上也有同样的情况发生。因此,从理论上来说,人的性格可以先天定。

绘制生命图谱

人类基因组计划就是"解读"人的基因组上的所有基因。由于我们人类的基因组是 23 条染色体,但因为 X 与 Y 染色体不同源,所以人类基因组计划的最终目的就是分析这 24 条(22 条常染色体和 X、Y 性染色体)DNA 分子中 4 种碱基的排列顺序,并了解它们的功能。但是,人类基因组共含有 3×10^9 个碱基对,24 条 DNA 分子连接起来约 1 米多长。这么长的 DNA 分子,就像要搞清"长城"上的每块"砖头"(碱基)一样,要把如此巨大的 DNA 分子的碱基序列全部准确无误地读出来,那将是一个非常困难的任务。

为了解决测定人类基因组全序列这一难题,科学家们采取了两步走的策略。第一步叫做"作图";第二步就是"测序"。"作图"就是"基因定位",即确定每个基因在染色体上的位置及其碱基序列。如果把基因组比作是哥伦布刚刚发现的美洲大陆,作图就是绘制新大陆的地图。我们都知道地图有很多种,有自然区划图、行政区划图等等,每种地图的用途不同,其比例标尺与精细程度也不同。绘制人类基因组图谱,也由于对染色体描写程度的不同,因而其显示的作用也有区别,对科学家们来说需要绘制四张基因图。因此，人类基因组计划分 2 个阶段进行，第一阶段叫 DNA 序列前计划，主要是绘制遗传图谱和物理图谱；第二阶段叫 DNA 序列计划，主要是"测序"，绘制序列图谱和转录图谱。序列图是搞清人类基因组图谱最基础的核心内容，这张图谱最重要，也是最"值钱"的一张图。

遗传图——标记 DNA 分子的基因位点

在电视剧里常常播放这样的故事：人们中间流传着一批宝藏埋藏在某个地方，有些人想得到它，那最需要的是什么呢？当然是藏宝图了，因为有了这张藏宝图，就可以知道宝藏放在什么地方，以及寻找宝藏的路线。因此，人们为了获取藏宝图而争斗不已。在基因组的研究中，遗传图谱就相当于基因组的"藏宝图"，这张"地图"标定得越细，对基因组中的角角落落就知道得越清楚，也就越容易找到所要的"宝藏"——基因。

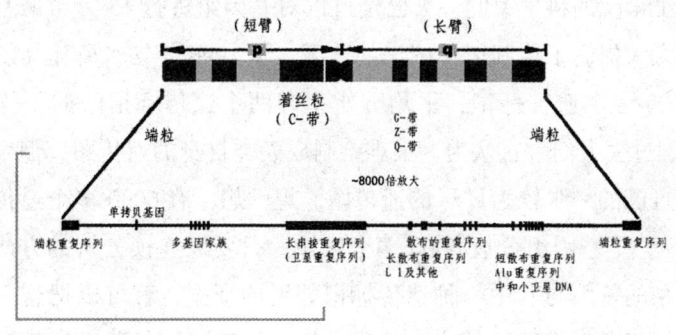

遗传图

遗传图谱也叫连锁图谱或遗传连锁图谱。它是以某个遗传位点具有的等位基因作为遗传标记，以此为"路标"，以遗传学上的距离（也叫遗传距离，其单位以厘摩表示），为"路标"之间的距离。遗传距离是以两个遗传位点之间进行交换，发生的基因重组的百分率来确定时，重组率为1%，即1 个厘摩。根据遗传距离就可以绘制出基因在染色体上的遗传图谱。在前面介绍的连锁遗传中我们曾提到，在同一条染色体上的 2 个基因，它们发生互换和重组的几率越大，说明它们之间的遗传距离越远；相反，遗传距离就越近。遗传距离不是一个具体的计量单位，而是人们设想的相对距离单位，以此作为遗传标记的距离。我们知道，在人类基因中，有些基因是稳定遗传的，目前已搞清它们在某条染色体上所在的位置，这样可以利用这个基因作为标记基因的位点。如 ABO 血型基因、Rh 血型基因和人类白细胞抗原（HLA）基因等都可作为标记基因位点。然后，利用这些基因检测与其他基因是否有连锁关系，如果有连锁关系，说明它们在一条染色体上，再根据重组率确定它们之间的遗传距离，这样便可以绘出染色体遗传图。

不难看出，建立人类遗传图的关键是要有足够多的遗传标记。但目前人们所知的这样的遗传标记信息量不足，而人类的基因组又很大，不能像做细菌的遗传图那样，仅仅根据有限的遗传标记就可以完成，这样，就限制了人类基因组的遗传分析工作。所幸的是随着 DNA 重组技术的发展，科学家们开展了以限制性片段长度多态性的分子标记工作，并已实现了遗传分析的自动化。1991 年，遗传标记开始了用自动化操作。到了 1994 年，美国麻省理工学院的科学家们一天已经可以对基因组进行 15 万个碱基对的分析，这就大大提高了绘制遗传图谱的速度。至 1996 年初，所建立的遗传图已含有 6000 多个遗传标记，平均分辨率即两个遗传标记间的平均距离为 0.7 厘摩。过去人们一直认为，很难绘制成人类自身的遗传图，但今天人类终于有了自己的一张较为详尽的遗传图。想一想，有 6000 多个遗传标记作为"路标"，把基因组分成 6000 多个区域，只要以连锁分析的方法，找到某一表现型的基因与其中一种遗传标记邻近的证据，就可以把这一基因定位于这一标记所界定的区域内。这样，如果想确定与某种已知疾病有关的基因，即可以根据决定疾病性状的位点与选定的遗传标记之间的遗传距离，来确定与疾病相关的基因在基因组中的位置。

物理图——确定 DNA 分子的"里程碑"

物理图是基因组计划的第二张图。物理图是一种以"物理标记"作为"路标"，确定基因在 DNA 分子上的具体位置的基因图谱。它与遗传图不同的是把基因在染色体上的位置再标记到 DNA 分子上。物理图的制作目标与遗传图相似，只是它们所选择的"路标"和"图距"的单位有所不同。物理图的"路标"是 STS（序列标签位点）。每个 STS 约有 300 个碱基的长度,在整个基因图组中仅仅出现一次。"图距"的单位是 bp(1bp 即表示一个碱基对)、kb(1kb=1000bp)和 Mb(1Mb=1000000bp)。物理图与遗传图相互参照就可以把遗传学的信息转化为物理学信息。如遗传图某一区的大小为多少厘摩可以具体折算物理图为某一区域大小为多少 Mb。绘制物理图的"路标"需要筛选大量的物理标记以及进行大量复杂和繁琐的分析。据估算,绘制物理图谱要进行 1500 万个分析,一个研究人员即便每周连续工作 7 天也要工作几百年。幸运的是,现在有了一种大型仪器,可同时进行 15 万个分析,研究者仅用 1 年的时间就能筛选出足够的遗传标记。1995 年,第一张被称做 STS 为物理标记的物理图谱问世,它包括了 94% 的基因组的 15000 多个标记位点,平均间距为 200kb(这就是所谓的分辨率)。这样,物理图就把人类庞大的基因组分成具有界标的 15000 个小区域。

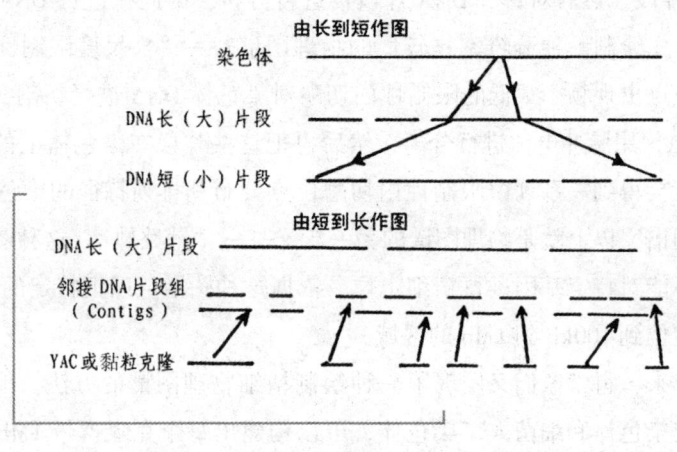

物理图

那么,物理图谱是怎么绘制的呢?

有两项技术为绘制精细的染色体物理图谱奠定了基础。第一项是利用流式细胞仪进行染色体的分离。处在细胞分裂时期的染色体是一种致密和稳定的形体结构,在温和条件下使细胞破裂,释放出完整的染色体。当染色体流过激光检测器时,按照其 DNA 含量的不同,可以把每条染色体分开收集起来,这样,就可以给每条染色体制作一个基因文库。第二项技术是体细胞杂交,即把人的细胞与小鼠的肿瘤细胞融合在一起。这种"杂种细胞"在培养的过程中，由于细胞分裂时人的染色体分裂慢，鼠的染色体分裂快，于是逐步把人染色体排斥掉，最后只剩下一条人染色体时细胞就比较稳定了。把这种带有某一条人的染色体的杂种细胞进行传代培养，就得到一系列细胞系，每个细胞多一条人的染色体。这样的细胞系对于把某个基因或 DNA 片段迅速定位到染色体上是非常重要的。例如，当杂种细胞保留了人类第 1 号染色体时，能够形成肽酶 C；如果丢了第 1 号染色体，则不能形成肽酶 C。所以，可以认为控制肽酶 C 合成的基因位于第 1 号染色体上。

人们采用上述方法分别得到每一条染色体以后，便可以提取出每条染色体的 DNA 分子，这样就为 DNA 分析奠定了基础。

由于染色体的 DNA 分子很长，所以先用限制性内切酶切割成一定长度的 DNA 片段，然后对每一 DNA 片段再进行分析。因此在进行 DNA 序列分析之前，先绘制一种分辨率比较低的物理图谱——"大尺度限制性图谱"。用识别位点出现频率很低的限制性内切酶对染色体 DNA 进行切割，得到大片段 DNA，用脉冲电泳进行分离，然后再把这些片段在染色体上的位置排出来，就会得到一系列由限制性内切酶位点分布和排列特征的染色体 DNA 的物理图谱。以上就是物理图谱的另一含义——"铺路轨"。这种图谱比较粗略，不能对特定基因进行精细定位。依据这种图谱可以把特定的 DNA 序列片段定位到 100kb 到 1Mb 的区域。

近年来，科学家们又发现了一种绘制精细物理图谱的方法。他们利用酵母人工染色体和细菌人工染色体，可以构建出每个克隆携带 1Mb 染色体 DNA 片段的文库。所谓"文库"即包括染色体上所有 DNA 片段的无性繁殖（即克隆）系，它含有整个染色体的遗传信息。这样，每个染色体只需要少量克隆就可以覆盖全部 DNA 分子。用一种短而独特的 DNA 序列片段（STS）作为分子标记，这种序列标记的位点可以用来把基因文库里的克隆按照其携带的染色体 DNA 片段在染色体上的实际位置进行排序。对这些大片段（1Mb）还可以进行亚克隆，最后得到一系列可以直接用于测序的小片段 DNA 克隆。

我们可以比较一下各种基因组图谱。遗传图是以各个遗传标记之间的重组频率为定位的尺度,因而是一种最粗略的图谱。物理图谱里,限制性内切酶图谱是以 1Mb 到 2Mb 为尺度的;由酵母人工染色体克隆排序组成的物理图谱分辨尺度是 40kb。物理图谱的分辨与精细程度随着技术发展不断提高,物理图谱的最终形式就是 DNA 碱基序列本身。

人类基因组物理图的问世是基因组计划中的一个重要里程碑,被遗传学家誉为 20 世纪的"生命周期表"。与化学家门捷列夫在 100 多年前所发现的"元素周期表"相比,"生命周期表"意义同样重大和深远。在遗传图上,我们只能确定某一基因的大致位置范围。而遗传图与物理图相结合时,我们便能迅速确定这一基因在 DNA 分子上的确切位点了。

序列图——揭开 DNA 分子的内幕

序列图是在物理图基础上的进一步升华,是最全面、最详尽的物理图,也是人类基因组计划中定时、定量、定质的最艰巨的任务。

人类基因组 DNA 序列图的绘制工作,可以做这样的比喻:假如说人们只穿 4 种颜色的衣服:红、绿、蓝、黑,人类基因组计划就相当于把世界上 30 亿人所穿的衣服都搞清楚,而且注明位置顺序,如所在的国家、城市、街道、楼房、房间。人类基因组 DNA 序列图的绘制,是在上述两张图的基础上,采取了"分而胜之"的"从克隆到克隆"的策略。科学家们根据已在人类基因组中不同区域定好位置的标记(也就是遗传图的"遗传标记"和物理图的"物理标记"),来找到对应的人类基因组"DNA 大片段的克隆"。这些克隆是相互重叠的。再分别用仪器测定每一个克隆的 DNA 顺序,把它们按照相互重叠的"相邻片段群"搭连起来,这样便测出了 DNA 的全序列。

为了测定这些大片段 DNA 克隆的序列,要将这些 DNA 克隆按遗传图与物理图的标记,切成 1000 个核苷酸左右的小片段,再"装"到一种细菌质粒的"载体"上,送进细菌中克隆,大规模地培养细菌,再从细菌中提取这些克隆的 DNA。这些克隆的 DNA 将作为测序的"模板"。这些 DNA 要求质量上很纯,数量上准确,还不能相互混杂。

在 DNA 模板制备好了以后,就要进入测序工作。第一步是"测序反

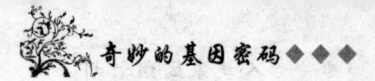

应"。简单地说，是以要测的 DNA 为模板，重新合成一条新链，分别用不同颜色的荧光物质标记上。这样如果一段序列的一个位点上是 A，就将代表 A 的荧光物质标记在 A 的后面。这好比一个姓 T 的人手中拿着红灯笼；一个姓 A 的人拿着绿灯笼；一个姓 G 的人拿着黑灯笼；一个姓 C 的人拿着蓝灯笼。这样在黑夜里，从灯笼的颜色我们就可知道是谁了。同样道理，由 4 种碱基形成的长度相差一个核苷酸的新 DNA 链，从结尾碱基显现出来的不同颜色的荧光，便可认定是：或 A、或 T、或 G、或 C。

测序反应做好后，第二步是上"自动测序仪"分析。自动测序仪能将长度仅相差一个碱基的 DNA 片段一一分开，由于不同片段"尾巴"的核苷酸已标有不同颜色的荧光染料，这样我们便可以很直观地读出 A、T、G、C 的排列顺序。

这些序列通过电脑加工，检查质量，再用一些特殊的电脑程序，将相互重叠的序列搭连起来。要确定每一位置上的核苷酸，至少要测定 5~10 次。如果中间有"空洞"，也就是有漏掉的测序核苷酸，还要将这些"空洞"用各种技术"补"起来，最后形成一个大片段克隆序列。这些序列片段再根据"相邻片段群"的重叠部分搭连起来，就组合成了一个染色体区域或一个染色体完整序列。如果将人类基因组的 24 条染色体的 DNA 序列全部测完，并绘制出序列图，这时人类基因组序列图谱才算大功告成了。

1999 年 12 月 1 日，由美、日、英等国家的 216 位科学家组成的人类基因组计划联合研究小组在东京宣布：已将人类第 22 号染色体的 3340 万个碱基序列全部确定。这是人类基因组计划中完成的第一条染色体序列测定工作，由此，人类便打开了通向微观生命世界的大门，并为从根本上了解疾病的发病原因和人体生命活动的机理打下坚实的基础，这是有史以来人类在生物学领域迈出的最重要的一步。

转录图——书写 DNA 分子的生命乐章

转录图是基因组计划的第四张图。转录图就像生命的乐章，是一张极为重要的图谱。我们知道，只完成人类基因组 DNA 序列图谱是不够的，因为这些序列究竟起什么作用，怎么起作用，这是必须要解决的问题，否则序列图是没有意义的。只有搞清这些序列的功能，才能了解序列图的真谛。

整个人类基因组虽然有30亿个碱基对，但只有2%~3%的DNA序列具有编码蛋白质的功能（约有10万个基因），而在某一组织中又仅有其中10%的基因（约1万个）是表达的，其他的基因都处于"休眠"状态，像冬眠的动物一样。我们知道，基因表达的第一阶段就是"转录"。如果能把这些表达的基因制成一个转录图，那我们就能清楚地知道不同组织的基因表达有什么差异；不同时期同一组织的基因表达又有什么不同；不同基因在不同组织中是表达还是沉默，表达水平是高还是低；身体在异常状态下（如病变、受刺激等）基因的表达情况与正常的相比有什么不同……这些是科学家们最关心、最感兴趣的问题，也是人们对各种疾病进行深入研究的基础。

那么，怎样绘制转录图呢？

前面提到，生物性状是由结构蛋白或功能蛋白决定的。结构蛋白如动物组织蛋白、谷类蛋白等是构成生物体的组成部分；功能蛋白像酶和激素等在生物体新陈代谢中起催化和调节的作用，这些蛋白质都是由信使RNA编码的。信使RNA是由编码蛋白功能基因转录而来的，转录图就是测定这些可表达片段的标记图。如果说在人体某一特定的组织中仅有10%的基因被表达，也就是说，只有不足1万个不同类型的信使RNA分子（只有在胎儿的脑组织中，可能有30%~60%的基因被表达）。如果将这些信使RNA提取出来，并通过一种反转录的过程建成cDNA文库，然后再测定这些DNA的序列，最终就能绘制成一张可表达基因图——转录图。

所谓反转录是指在反转录酶的作用下，由信使RNA反转录出DNA，这种DNA便称为cDNA。这种cDNA的碱基序列与转录信使RNA的DNA序列是一致的。分析cDNA序列就等于分析转录基因的DNA序列，由此把绘制可表达基因图称为转录图。

绘制转录图，就需要有大量可表达的DNA片段，所以首先要不断地丰富可表达DNA片段数据库。到1996年夏天，科学家们已收集到40万种可表达DNA序列，但这个数目并不代表人类基因组中可表达基因的数目（6万~10万个基因克隆），因为一个全长的拷贝DNA可能产生几个重叠的可

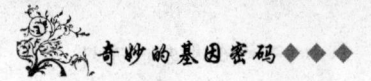

表达 DNA 片段。美国人类基因组科学公司称已得到了超过 85 万个可表达 DNA 片段的数据库，对应于可能的 6 万个不同的基因，这与人类基因组的全部基因数已相差不多了。现在，国际数据库中所贮存的可表达 DNA 片段的数量正以每天 1000 多个的速度增加着。

有了这些可表达 DNA 片段，下一步就是将这些可表达 DNA 片段在人的基因组中定位，即将这些可表达 DNA 片段与某些疾病的易感位点联系起来。

现在，国际合作的人类基因组计划，已公布了至少 160 多万个拷贝 DNA 片段的部分序列，科学家们称之为"能表达的标签"。这 160 万个来自不同组织的拷贝 DNA 片段序列，经过分析与拼接，至少代表了万余个不同基因的部分 cDNA 序列。目前，科学家们尚需把这些转录的 DNA 搁到人类基因组的特定位置上，从而绘出真正的基因表达图。

人类基因组计划的实施

人类基因组计划工程重大而复杂，完成整个计划所需的经费堪称天文数字，仅按每个碱基 1 美元计算，美国就要投入 30 亿美元。因此，用纳税人 30 亿美元搞"人类基因组"这一庞大计划，最初在美国争论得相当激烈。

后来美国政府对此做了不少工作。美国政府没有自己的报纸、电台、电视台，只好印了很多浅显的小册子，如《人类基因组计划多大》《了解我们的基因》等，说明"人类基因组计划"的必要性，为什么要花这么多钱，这钱花得多值，讲得通俗易懂、活灵活现。如小册子中比喻人的基因组就像地球那么大，一个染色体就像一个国家那么大，一个基因就像我们所住的楼那么大。搞清楚 30 亿对核苷酸，就好像搞清楚整个地球上的 30 多亿人各姓什么，"制图"就像在高速公路上标路标等。

"人类基因组计划"被民众接受的过程，是社会学家、伦理学家、科学家对民众的一场有关基因的科学普及过程。"人类基因组计划"所揭示出的人类最终的奥秘，势必冲击社会、法律、伦理，因此，必须让广大民众有心理准备。

"人类基因组计划"的形成，曾几度彷徨，几度反复，但最后，人类还是选择了它。从历史上说，曾有好几条思路。

"基因论"是"人类基因组计划"的主要思路。不仅疾病与基因有关，人的出生、成长都与基因有关，都与DNA的序列有关。

在策略上，"人类基因组计划"采取的是"基因组学"，正如专家杜伯克说：既然大家都知道基因的重要性，那我们只有2种选择，一是"零敲碎打"，大家都去"个体作业"，去研究自己"喜欢"的、认为是重要的基因；而另一种选择，则是前所未有地从整体上来搞清人类的整个基因组，集中力量先认识人类的所有基因。

"人类基因组计划"并不是当时独一无二的计划。20世纪80年代初，由于生物技术，特别是遗传工程等技术的进展，生物学、医学的研究酝酿着新突破：大批肿瘤基因与肿瘤抑制基因的发现，使20世纪70年代趋于彷徨的肿瘤研究"柳暗花明又一村"；基因克隆技术的突破、遗传表达研究技术渐趋完善，"讯号传导"研究初露曙光，神经活动的研究似乎也面临突破；大规模双向电泳、核磁共振等技术的建立与改进，使蛋白质研究方兴未艾……上述每一方面都有理由提出一个"计划"。如"肿瘤计划""遗传工程计划""讯号传导计划"。这些计划都无可非议，也确有人提出，但最终只有"人类基因组计划"被大家接受并成为国际性重大计划。

自然科学有自身规律、内在联系，也有它的发展阶段。所有这些计划的"最关键"因素，都需要基因来操作，这使我们不得不佩服杜伯克"标书"的真知灼见。从某种意义上讲，"人类基因组计划"是一个"补课计划"。只有了解人类的整个基因组，实施其他计划才有可能。

人类基因组那么庞大，那么复杂，为什么不先从简单物种、更有经济意义的动植物入手？科学家回答了这个问题：①世上万物以人为首，人最重要，整个社会对人最为关切；②没有变异就没有基因的发现，人类在上万年的与疾病斗争的过程中，对人类本身的众多疾病与遗传变异有了较大的积累，也为研究自身提供了最珍贵的材料；③人类基因组研究的策略理论与技术进展，可以直接、迅速地用于解决其他生物基因组的问题，揭示生命现象的本质；④"人类基因组计划"还将推动生物高新技术的发展，产生重大的经济效益,特别是人的基因"产品",如果能作为药物不仅可改善人的健康状况,经济前景也不可限量。

谁不想了解自己,了解自己的基因?如果没有特殊的外因影响。我们的基因在出生以后变化不大。我们要特别了解:①我们的基因在我们家系中的传递规律,照料好我们的后代;②我们要了解"病与不病"的原因,基因与环境作用的结果,照料好自己的基因。人类基因组计划能够坚持到今天,全靠广大民众的支持。因为这是一项公益性的计划,关系到千家万户、千秋万代。

德国于 1995 年才开始"德国人类基因计划",德国科学家反省道:一个科学的设想,如果已经没有一个人反对,即使正确也肯定为时已晚。德国在二战后曾错过 2 个科学发展的机遇,一是电子计算机,二是人类基因组计划。

1984 年 12 月,犹太大学的魏特受美国能源部的委托,主持召开了一个小型会议,讨论 DNA 重组技术的发展及测定人类整个基因组 DNA 序列的意义。1985 年 6 月,美国能源部提出了"人类基因组计划"的初步草案。1986 年 6 月,在新墨西哥州讨论了这一计划的可行性。随后美国能源部宣布实施这一草案。在冷泉港讨论会上,诺贝尔奖金获得者吉尔伯特及伯格主持了有关"人类基因组计划"的专家会议。1987 年初,美国能源部与国家医学研究院为"人类基因组计划"下拨了启动经费约 550 万美元,1987 年经费总额近 1.66 亿美元。同时,美国开始筹建"人类基因计划"实验室。1989 年美国成立"国家人类基因组研究中心"。诺贝尔奖获得者、DNA 分子双螺旋模型提出者沃森出任第一任主任。1990 年,历经 5 年辩论之后,美国国会批准美国的"人类基因组计划"于 10 月 1 日正式启动。总体规划:拟在 15 年内至少投入 30 亿美元,进行对人类全基因组的分析。此计划在 1993 年做了修订,主要内容包括:人类基因组的基因图构建与序列分析;人类基因的鉴定;基因组研究技术的建立;人类基因组研究的模式生物;信息系统的建立。可以看出,美国计划中"定时定量"的硬任务是第一项,即 3 张图:遗传图、物理图、序列图。而重中之重必须定时保质保量完成的便是 DNA 序列图。

英国的 HGP（人类基因组计划）于 1989 年 2 月开始，特点为：全国协调，资源集中。"英国人类基因组资源中心"一直向全国的有关实验室免费提供技术及实验材料服务。自 1993 年开始，伦敦的 Sanger 中心成为全世界最大的测序中心，单独完成 1/3 的测序任务。

法国的"国家人类基因组计划"于 1990 年 6 月启动，由科学研究部委托国家医学科学院制定。诺贝尔奖获得者道赛特以自己的奖金于 1983 年底建立了 CEPH（人类多态性研究中心），法国民众至少捐助了 5000 万美元，CEPH 与相关机构为人类基因组研究，特别是第一代物理图与遗传图的构建作出不可磨灭的贡献。法国对人类基因组序列图的贡献为 3% 左右。

日本的"国家级人类基因组计划"是在美国的推动下，于 1990 年开始的。与日本的其他领域的领先地位相比，日本的人类基因组仍略逊一筹，但这几年进展很快。日本对 DNA 序列图的贡献为 7%。

此外，加拿大、丹麦、以色列、瑞典、芬兰、挪威、澳大利亚、新加坡、原苏联等也都开始了不同规模、各有特色的人类基因组研究。

由于第一辈科学家的呼吁，我国的"人类基因组计划"于 1993 年开始。这一计划的第一阶段，是国家自然科学基金委员会资助的"重大项目"。这个项目，由著名遗传学家组成顾问委员会，由中青年科学家组成学术专家委员会；还有"中国人基因组多样性委员会"与"社会、法律、伦理委员会"，另有一个小小的秘书处负责国际联系、国内协调与日常事务。

人类只有一个基因组，人类基因组的研究成果应该成为人类共同享有的财富。"人类基因组计划"的最重要特点便是"全球化"。1988 年 4 月，HUGO（国际人类基因组组织）宣告成立。HUGO 代表了全世界从事人类基因组研究的科学家，以协调全球范围的人类基因组研究为宗旨，被誉为"人类基因组的联合国"。我国已有 40 多位科学家加入这一组织。

出于同样的考虑。UNESCO（联合国科教文组织）也于 1988 年 10 月成立了"UNESCO 人类基因组委员会"。1995 年，成立了"国际生物伦理学会"，杨焕明教授为来自中国的代表。UNESCO 发表的《关于人类基因组与人类权利的宣言》，成为"人类基因组计划"的"世界宣言"。

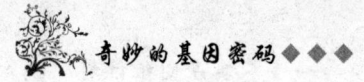

后基因组计划

从1995年起,科学家们就认识到人类基因组计划完成以后,生命科学即将进入"后基因组时代"。后基因组时代,首先是完成人类结构基因组学的扫尾工作;其次是开展功能基因组学的研究。

探索生命的奥秘,只对单个基因进行研究是不够的,还必须从基因组的整体角度出发,才能探知基因的真谛。于是,随着人类基因组计划的进行,整个生物学的研究进入了一个"基因组学"的时代,对生物的研究从表现性状和局部遗传信息的解读,进入到了从分析全基因组序列和对所有基因进行定位以及功能研究的阶段,从以单个基因为研究对象到以整个基因组为研究对象,生物学的研究方式发生了革命性的变化。在这种形势下,1986年,美国遗传学家罗德里克提出"基因组学"新名词,以此适应正在形成的一门新学科。随着基因组研究的新进展,基因组学又被细分为结构基因组学和功能基因组学。结构基因组学就是对基因组进行作图和测序;功能基因组学则是研究已测定DNA序列的功能信息,也就是它对表型的效应。这样,基因组学便成为研究基因组的结构和功能的科学。

目前,人类结构基因组学的研究即将完成,下一步的研究工作进入"后基因组时代",主要集中开展在功能基因组学的探索工作。1996年完成的第一个真核生物基因组——酿酒酵母基因组的全序列测定以及对其所含基因的功能研究,为研究功能基因组提供了一个很好的模式,使人类及其他高等真核生物基因组的"基因功能作图"成为可能。当然,功能基因组学的研究任务更艰巨,更需要创新思维,更要发挥研究人员的聪明才智。这是为什么呢?

我们知道,生物体是一个非常复杂的开放系统,它时刻在自然界中摄取着大量能量和物质,同时,它也不断排泄着自己的代谢物,以保持自己的生存。同样地,隐藏在染色体里的基因也是如此,它们也必须时刻保持相互之间的联系,通过对基因的调控来实现有序的稳定状态。一个基因表达的蛋白质能控制另一个基因的开启和表达,各种各样的基因相互控制,结果形成一个极端复杂的控制网络。每个基因只是这个网络的一个点,它能和一个或几个基因有联系,而且每时每刻生命活动都要处理各种各样的问题。这时,信息就不停地触动这张基因构成的网,而这张网将根据接受的信息进行一定的反馈活动。这就像一个国家的国防部,在边界线上设置了许多岗哨,这些岗哨不仅通过电信系统要经常与国防部指挥中心联系,报告负责的边境地段有无异常情况,同时,各个岗哨之间也要保持联系,一旦发生险情,可互通情报,因此就形成了一个巨大的情报网,从而保卫国家的安全。我们说的这个基因网,当它还有效时,作为整体它有很多功能,而当只注意它的某一个点时,你根本不能看出这些点的集合有什么样的功能。这好比我们只了解一个岗哨的作用或几个岗哨的作用,并不能全面了解国防部指挥中心所建情报网的重大作用。

由上面所述,在进行基因研究时,科学家们往往把基因孤立起来,以尽量减少外界对它的影响,从而了解它的功能,用有限的几个指标来看看对它的表达有什么影响,于是就得出一个结论说这个基因和生物的什么功能有关。无疑这种判定是不够准确的,有时甚至是错误的,因为很有可能造成孤立地观察一点,而忽略了该点在群体中的实际情况。我们举一个例子,你就会发现基因组的奥妙。

通过基因组的研究发现,鼠和人的基因组大小相近,都含有约30亿个碱基对,包含的数目也相近。然而,人和老鼠的外表性状却差异那么大,这是因为什么呢?当我们比较了鼠和人的基因组组织之后就会发现,尽管两者的基因组大小和基因数目相近,但两者的基因组组织却差别很大。这也好比说,一个国家国防部如何建立情报网络固然很重要,但是如何把各个边防岗哨组织起来,各尽其责地协调工作,才是充分发挥其巨大防御组织力量所必不可少的。

根据对人和鼠的基因组比较研究,存在于鼠1号染色体(鼠有染色体21对)上的类似的基因,人却分布在1、2、5、6、8、13和18号7个染色体上。也许鼠与人类遗传性状的表型差异,就来自于基因组组织的差异。有科学家估计,不同人种间基因组的差别不会大于0.1%,而人和猿之间基因组差别也不会大于1%。因此,产生表型差异的原因不仅在于基因DNA序列的差异,也在于其染色体上基因组组织的差异。在破译人和生物的遗传密码的过程中，为了探明基因的功能，从比较不同生物的遗传基因入手寻找基因组组织的差异是十分必要的。因此，比较基因组学是一个十分重要的研究领域。

可以知道，对基因功能的研究是十分艰巨和困难的。但是，科学家们深信，虽然探索基因奥秘的征程刚刚起步，前面的路程不仅十分遥远，而且又是那么荆棘丛生，然而人类既已确定了方向，明确了目标，就会一往直前，不畏艰难险阻地向前走下去，直到最终揭开基因的全部秘密。

蛋白质组学计划

大家都知道，蛋白质是生物功能的主要承担者。随着人类基因组计划的实施和完成，虽然对基因的识别将导致对其编码的蛋白质产物序列的了解，但还远远不足以全面认识蛋白质的生物功能。事实上，我们对相当多的通过基因序列所认识的蛋白质产物很不了解。一个典型的例子是关于酵母菌的基因组研究。1996年科学家们将啤酒酵母的基因组全部测序完毕，人们通过全序列分析在酵母菌中发现了2964个新基因，但其中约有2300个基因和已知的基因没有明显的同源性，至于这些基因有什么功能人们更是一无所知。即使那些跟已知基因有一定同源性的新基因，对它们承担的功能，科学家们也是不甚了解。大量涌现出的新基因数据迫使科学家们不得不面对这样一个问题：这些基因编码的蛋白质的功能是什么？不仅如此，在细胞内合成蛋白质之后，这些蛋白质往往还要经历翻译后的加工修饰。因为最初翻译出来的蛋白质是没有生物活性的，它叫初生多肽，只有在修饰加工以后，才变成具有生物活性的成熟蛋白质。这样一个复杂过程说明，一个基因对应的不仅是一种蛋白质，而可能是几种甚至数十种蛋白质。那么，包容了成千上万种蛋白质的细胞是如何活动的呢？或者说这些蛋白质在细胞内是怎样工作、如何相互作用、相互协调的呢？这些问题只靠基因组织研究是不能回答的。也就是说，蛋白质本身有其独特的活动规律，正是在这种背景下，蛋白质组学应运而生。

"蛋白质组"这一名词是英国科学家威尔金斯1994年最先提出来的。

它是指一个生物体的全部蛋白质组成，具体来说可以指一个细胞或一个组织的基因组所表达的全部蛋白质。"蛋白质组学"则是专门研究细胞内总体蛋白质（蛋白质组）的表达和运转等一切功能活动规律的新学科。蛋白质组学是从蛋白质整体水平上，在一个更深入、更贴近生命本质的层次上去探索生命活动的规律，以及重要的生理和病理现象的本质等。

蛋白质组具有多样性和可变性。蛋白质的种类和数量在同一个生物体的不同细胞中各不相同，在同一种细胞的不同时期或不同条件下，其蛋白质组也在不断地变化之中。此外，在病理或治疗过程中，细胞中的蛋白质的组成及其变化，与正常生理过程也不相同。随着人类基因组计划的开展和基因组学与蛋白质组学的诞生，生命科学研究迎来了又一次飞跃，使我们有可能从生物大分子整体活动的角度去认识生命，不再是只以个别基因或个别蛋白质为研究对象，因而能够在分子水平上以动态的、整体的角度对生命现象的本质及其活动规律和重大疾病的发生机理进行研究。

蛋白质组的研究包括对蛋白质的表达模式和蛋白质的功能模式的研究两个方面。蛋白质的表达模式主要是分离并鉴定出正常生理条件下的蛋白质组中的全部蛋白质，建立相应的蛋白质组图谱和数据库，这是进行大规模蛋白质组分析研究的基础。分离并得到了蛋白质组的全部蛋白质以后，接下来是比较分析在变化了的条件下（如病理条件下）蛋白质组所发生的变化，比如蛋白质表达量的变化、翻译后的加工等。或者在可能的情况下分析蛋白质在细胞核或细胞器中定位的改变等，从而发现并鉴定出具有特定功能的蛋白质，或与疾病有关的蛋白质。而对蛋白质组功能模式的揭示则是蛋白质组研究的重要目标。基因组也好，蛋白质组也好，最终目标就是要揭示所有基因或蛋白质的功能及其作用模式。细胞或组织中的蛋白质不是杂乱无章的混合物，而是严格有序的、相互作用、相互协调的统一体，它是维持细胞正常生命活动的基础。揭示蛋白质组中蛋白质相互作用的连锁关系，是蛋白质组功能模式研究的重要内容。

随着蛋白质组学的不断深入研究，科学家们必将在揭示生长、发育和代谢调控等生命活动规律方面有重大突破，而且对探讨主要疾病的发病机理、疾病的诊断和防治以及新药的开发等，也将提供重要的理论依据。

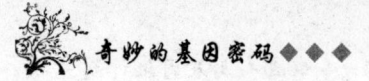

我国加盟人类基因组计划

加盟世界基因组织

2000年6月26日,是人类科学史上划时代的一天。这天,中国作为唯一的发展中国家,与美、英、日、法、德同时宣布:人类基因组计划"工作框架图"绘制完成。中国人将自己的名字自豪地镌刻在被誉为生命科学"登月计划"的史册上。这一生命蓝图的绘制,也标志着我国在基因组学科与产业化领域内达到了国际先进水平。

我国是一个人口大国,丰富的人群遗传资源是人类基因组研究的宝贵材料。我国的人类基因组计划于1994年启动,由国家自然科学基金委、国家高技术计划和国家重点基础研究计划联合资助。在过去的几年中,通过科学界的共同努力,组织了一支精干的科研队伍,建立了全国性的遗传资源网,引进和建立了一整套较完整的基因组研究体系,同时,也获得了一批重要的研究成果。在基因组多样性领域,对我国人群的遗传关系以及与世界其他人群的关系进行了研究,研究结果支持现代智人"走出非洲"学说。其次,疾病基因的研究也取得了实质性的进展,克隆了遗传性高频耳聋的致病基因,定位了若干单基因疾病的染色体位点。在白血病和与某些实体肿瘤相关基因的结构、功能研究方面,取得了一批具有国际影响的成果。此外在功能基因研究方面也实现了突破,已获得EST十多万条,克隆了1000条以上基因的全部cDNA。上述工作成果,已有不少发表于国际著名学术刊物,得到了国际学术界的认可。

随着科研的深入,我国HGP(人类基因组计划)的研究规模和水平出现了质的飞跃。在科技部和上海市、北京市的大力支持下,相继成立了国家人类基因组南方和北方研究中心。在国家科技部和中国科学院的支持下,由中科院遗传所基因组中心、国家人类基因组南、北研究中心共同承担了全球人类基因组测序计划的1%(3号染色体短臂30Mb区域)。经半年拼搏,取得了重大进展,工作草图已于2000年4月底结束。除此以外,对若干致病微生物如钩端螺旋体的研究工作已在国家人类基因组研究中心展开。一批实验室已致力于对中国人群SNP(单核苷酸多态性,也称基因的多态性)的大规模研究,试图揭示遗传和环境因子的相互作用在我国人群疾病发生、发展中的作用。

人类基因组计划因为投入巨大、技术复杂,已成为一个国家综合国力的标志。我国正满怀信心地走在世界前沿。

生物资源基因组计划

中国在生物技术大规模的研究、开发与应用方面起步较晚,但却做到了目标明确、措施得力。自20个世纪80年代中期始,我国先后制定了一系列科学技术发展计划,其中生物技术的研究与推广应用占有极其重要的位置。其目标是,要更好地满足人民营养需求和提高健康保障水平;其重点是,研究高产、优质、抗逆的动植物新品种,蛋白质工程,新型药物、疫苗和基因治疗等,以解决我国农业、医疗发展中存在的关键问题。

在大规模测序能力的基础上,我国科学家正在实施一个宏伟的生物资源基因组计划,以期掌握更多的有特色的中国生物基因资源。第一项就是超级水稻基因组计划,这项计划必将对水稻研究和粮食生产产生重大影响;第二项是对家猪等重要生物进行基因测序。

水稻基因组共有4.3亿对碱基,人类基因组约有30亿对碱基。从我国科学家刚刚完成的1%人类基因组"工作草图",到相当于人类基因组计划1/7工作量的水稻基因组大规模测序,这意味着我国基因组研究将步入一个崭新的历史时期。

杂交水稻之父袁隆平

我国超级杂交水稻基因组计划已于2000年5月正式启动。未来一年内,来自北京华大基因研究中心、国家杂交水稻工程技术研究中心的科学家,将联合起来在世界上率先破译超级杂交水稻的遗传密码,通过比较基因组学研究,科学家将获得相关的遗传信息,阐明水稻杂交优势的机理,从而为提高水稻产量和改善品质、保持我国杂交水稻生产的国际领先地位打下永久性的基础。

作为重要的生物资源,家猪是我国科学家构想中的"中国生物资源基因组计划"的第二个项目。无论是基因的数量,还是碱基对的数目,家猪基因组和人类基因组都很相似,基因也大部分相同,差异性不超过5%~10%。

2000年6月30日,我国科学家在世界上率先启动家猪基因组测序计划,力争尽快拿到"工作框架图",从而为家猪品种改良、医学研究、生物医药工业发展提供基因组序列信息。这是继圆满完成1%人类基因组计划"工作框架图"测序任务后,我国科学家向基因组研究及生物产业又一领域的进军。

目前,我国科学家构建的基因组测序能力已经超过法国和德国,名列

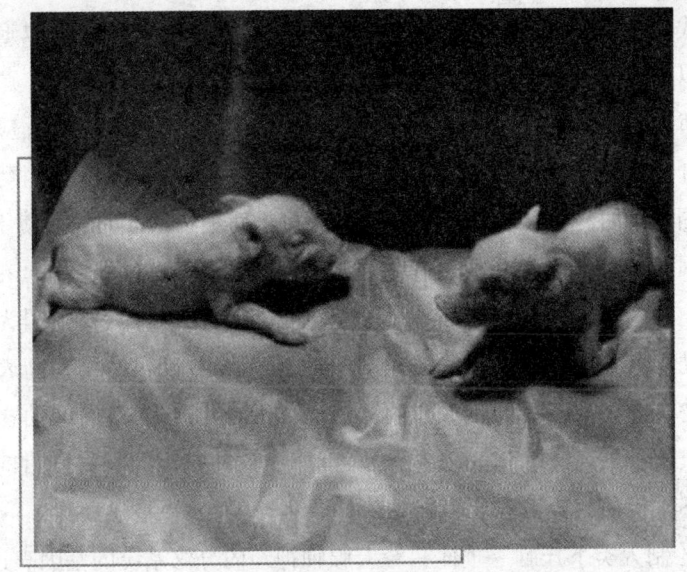

我国首批体细胞克隆医用小型猪

世界第四。强大的大规模测序能力，为科学家进一步开展工作奠定了基础。另外我国特有的生物资源是发展我国21世纪生物产业的重要战略资源，大规模基因组测序技术的发展，使生物资源由群体资源或种质资源转变为基因组序列信息资源。

科学家们还将选择和人类健康、生物产业发展关系重大的我国生物资源进行基因组研究，血吸虫就是其中一个，国际社会对此十分关注，丹麦科学家、企业界和政府已经明确表示出合作意向。

人类功能基因研究

人类基因组计划中最受关注的莫过于对与人类重大疾病相关基因和具有重要生物学功能基因的克隆分离、功能鉴定与开发应用的研究。我国人类功能基因大规模研究获得重要进展，主要体现在以下方面：

1. 中科院动物所开展新课题"家畜转基因乳腺反应器及克隆技术开发研究"。

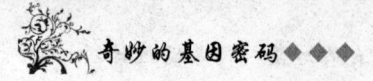

现代生物科学告诉我们,包括癌症在内的许多疾病确实可以通过基因药物加以治疗,只是由于人类获取基因药物的手段目前还极少,产量也极有限,所以现在还不能真正应用于临床。而"家畜转基因乳腺反应器及克隆技术开发研究"项目就是要找到一条低成本、大规模生产基因药物的新路。我国该项目将分2步进行:第一步是将具有生物活性的供人使用的药品蛋白基因导入母牛体内并使其在牛乳汁中表达出来,从而建立起乳腺生物反应器,生产基因药物。之所以选用乳腺作为反应器,主要是因为乳腺细胞具有动物其他体细胞所不具备的分裂功能,从而较容易得到高表达的转基因动物个体。第二步则是通过克隆技术对用上述方法得到的动物个体进行无性繁殖,最终建立起"动物药品工厂",这些基因药物将使目前被视为绝症的不少疾病有望治愈。

2. 绘制人类下丘脑—垂体—肾上腺轴神经内分泌系统的基因表达谱。

2000年8月,我国科学家在国际上首次完成了人类下丘脑—垂体—肾上腺轴这一神经内分泌重要系统的基因表达谱的绘制。同时在下丘脑—垂体—肾上腺轴克隆了200条人类新基因。

科研人员通过研究发现,下丘脑—垂体—肾上腺轴对机体的神经内分泌调控及对免疫的影响有其内在的分子机制,下丘脑、垂体、肾上腺除分泌已知的激素外,还分泌一些其他的细胞因子或激素;在下丘脑—垂体—肾上腺轴的调节方面,肾上腺轴除存在长程反馈机制外,还有器官内的局部反馈,这样可能会精细地调节分泌激素。

研究同时发现,科学家从下丘脑—垂体—肾上腺轴克隆的200条人类新基因,可能与下丘脑—垂体—肾上腺轴的重要生理功能有关。

这项研究成果表明我国科学家为国际人类基因组计划的完成做出了新贡献。研究人员对人类新基因的克隆,不仅在识别人类新基因、构建人类基因组转录图、对基因组测序结果进行判定及诠释等方面具有重大理论意义,而且对我国生物技术和制药工业的发展有实际应用价值。

3. 我国科学家对白血病的研究取得突破性进展。

我国科学家不仅在国际上首次成功地分离和克隆了若干新病毒基因,而且证实了新病毒基因在人急性白血病细胞中呈特异性表达。已克隆出病毒基因的4种常见白血病是：慢性粒细胞性白血病、急性早幼粒细胞性白血病、急性淋巴性白血病和急性粒细胞性白血病。

急性白血病是一类常见的严重危害人类健康的恶性肿瘤。有关资料显示，急性髓系白血病患者5年无病生存率不到20%。其主要原因在于病因与发病机理至今不详，无法制订有效的防治策略。1996年，我国科学家在国际上首次发现和证实人急性白血病细胞中含有新的逆转录病毒，同时首次揭示了新病毒颗粒的形态学特征和理化特性，并提出了人急性白血病逆转录病毒病因学学说。

这项成果将有助于深入研究人急性白血病病毒病因学和应用抗病毒疫苗防治白血病。病毒病因学一旦得到证实，人类白血病不仅有可能应用抗病毒疫苗得到预防，而且治疗手段也将从目前应用化疗杀细胞转向抗病毒治疗。

4. 我国科学家已掌握基因打靶技术，将基因打靶技术应用于凝血调节机制的研究，建立了蛋白质Z缺失和凝血因子突变的动物模型。

基因打靶是一项高新生物技术，是指在生物体内诱发精确、定向的基因删除或替代，而不累及其他基因。它使人们能按照设计对哺乳动物细胞基因组进行定点、定量的改变，从而改变细胞或整体的遗传结构和特征。基因打靶现已经被证明为精确修饰基因组的最有效方法。

蛋白质Z是一种早在20世纪70年代就被提纯的维生素K依赖性血浆蛋白，在人体血液中含量很高。然而，对蛋白质Z的生理功用，多年来却一直是个谜。我国科学家应用普通基因删除和条件性基因替代技术，培育出具备蛋白质Z缺乏和凝血因子突变特征的遗传工程小鼠。经过2年多时间的艰苦探索，发现凝血因子的突变体会使人体内的凝血酶增加、导致血栓，而血栓的表型严重性会随着蛋白质Z的缺乏而逐步增加。同时，体外研究发现，人血浆凝血反应随着蛋白质Z浓度的降低而减弱。蛋白质Z与活化凝血因子在磷脂表面形成了钙离子依赖性复合物，并在"蛋白质Z依赖性蛋白酶抑制剂"的作用下，抑制活化凝血因子的活性。

这些研究成果的发现，在国际上第一次阐明了蛋白质Z在调节凝血过程中重要的生理功能，丰富了凝血调节机制理论。标志着我国科学家掌握了先进的基因打靶技术,在制备特殊的遗传工程动物模型方面走在了国际同行的前列。

后基因时代的中国战略

目前,学术界普遍认为,人类基因组遗传密码基本破译后,生物技术将进入后基因时代。国家863计划生物技术领域首席科学家、中国科学院院士强伯勤认为,后基因时代的生物技术研究主要集中在以下3个领域:①基因组序列测定与生物信息学:如动植物基因组、重要微生物基因组的测定;②功能基因组学:包括针对个性化医学的药物基因组学、疾病基因组学、结构基因组学等;③克隆技术:修饰生物细胞、遗传改良、优化下一代、对个体DNA进行分析以用作血缘鉴定与罪证等。这新一轮生物技术浪潮的核心是农业生物技术,龙头是医药生物技术,两翼分别是海洋生物技术和环境生物技术,后续则包括轻工等领域的生物技术。目前国际学术界已经开始对此展开全面研究,我国科研工作者也正在全力以赴攻关,争取赶上后基因时代的潮头。

在1%的人类基因组测序"工作框架图"阶段任务完成之后,我国科学家要向第二阶段"完成序列图"继续推进。同时应该在细菌、寄生虫、植物、动物等诸多模式生物基因组测序中,注意选择那些既促进我国生物技术和制药工业发展,又为国际人类基因组科学作出贡献的目标。中国的人类遗传资源极为丰富,因此,功能基因组学和医学(或疾病)基因组学应成为今后我国基因组科学发展最重要的任务。